W0257453

Verlag von Julius Springer in Berlin N.

# Die forstlichen Verhältnisse Preußens

von

## Otto von Hagen,

w. Oberlandforstmeister.

Dritte Auflage, bearbeitet nach amtlichem Material

von

## K. Donner,

Oberlandforstmeister und Ministerial=Direktor.

**In zwei Bänden.**

Preis M. 20,—; in 1 Leinwandband geb. M. 21,50; in 2 Leinwandbände geb. M. 22,50.

# Leitfaden der Holzmeßkunde.

Von

## Dr. Adam Schwappach,

Königl. Preuß. Forstmeister und Professor an der Forstakademie zu Eberswalde.

Mit 24 in den Text gedruckten Abbildungen. — Preis M. 3,—; in Leinwand geb. M. 4,—.

# Die Pflanzenzucht im Walde.

Ein Handbuch

## für Forstwirthe, Waldbesitzer und Studierende.

Von

## Dr. Hermann Fürst,

k. bayr. Oberforstrath, Direktor der Forstlehranstalt Aschaffenburg.

**Dritte vermehrte und verbesserte Auflage.**

Mit 52 in den Text gedruckten Holzschnitten. — Preis M. 6,—; in Leinw. geb. M. 7,—.

# Lehrbuch der Waldwerthrechnung und Forststatik.

Von

## Dr. Max Endres,

o. Professor der Forstwissenschaft an der Technischen Hochschule zu Karlsruhe.

Mit 4 in den Text gedruckten Figuren. Preis M. 7,—; in Leinw. geb. M. 8,20.

# Versuche und Erfahrungen

mit

# Rothbuchen-Nutzholz

Im Auftrage des Herrn Ministers für Landwirthschaft, Domänen und Forsten

bearbeitet durch

## P. v. Alten,

Regierungs= und Forstrath.

**Preis M. 1,—.**

# Die Fischerei im Walde.

Ein Lehrbuch der Binnenfischerei für Unterricht und Praxis

von

## Hugo Borgmann,

Königl. Preuß. Forstmeister.

Mit zahlreichen in den Text gedruckten Abbildungen. Preis M. 7,—; in Leinw. geb. M. 8,—.

# Lehrbuch der Forsteinrichtung

mit besonderer Berücksichtigung der Zuwachsgesetze der Waldbäume

von

## Dr. Rudolf Weber,

Professor an der Universität München.

Mit 139 graphischen Darstellungen im Text und auf 3 Tafeln.

Preis M. 12,—; in Leinwand gebunden M. 13,20.

**Zu beziehen durch jede Buchhandlung.**

# Die

# Rentabilität der Forstwirthschaft.

Von

## W. Trebeljahr,

Königl. Forstassessor.

Springer-Verlag Berlin Heidelberg GmbH 1897

ISBN 978-3-662-32296-3  ISBN 978-3-662-33123-1 (eBook)
DOI 10.1007/978-3-662-33123-1
Softcover reprint of the hardcover 1st edition 1897

# Vorwort.

Die Schrift hat den Zweck, zur Orientirung zu dienen über die wichtigsten Grundfragen auf einem Gebiete, dessen Verständniß nicht nur Laien, sondern vielfach auch Fachleuten Schwierigkeiten bereitet: auf dem Gebiete der Waldwerthrechnung und Forstpolitik. In der Forstpolitik stehen sich seit Jahrzehnten zwei Richtungen schroff gegenüber: Waldreinertrag und Bodenreinertrag. Die Grundlagen, auf welchen die Anhänger jeder dieser beiden Richtungen ihre Anschauung aufbauen, spielen zum Theil in die Waldwerthrechnung hinüber, und auch auf letzterem Gebiete sind deshalb die beiden Parteien, wenn auch nicht mehr so deutlich geschieden, wiederzufinden. In der Waldwerthrechnung nun aber ist das Auseinandergehen der Meinungen besonders stark zu beklagen. Bei Feststellung von Entschädigungsansprüchen, bei Servitutablösungen, bei Enteignungen u. s. w. ist es leider kein seltener Fall, daß die von Fachleuten abgegebenen Gutachten zu stark abweichenden Resultaten gelangen und daß es ebenso sehr vom Zufall als vom Recht abhängt, welche von zwei streitenden Parteien obsiegt. Mathematik ist nun nicht für jeden ein schmackhaftes Gericht. Ich habe deshalb versucht, durch möglichst populäre Darstellung und besonders durch Herbeiziehung von Beispielen den Stoff leichter zugänglich zu machen und hoffe in Folge dessen, daß die Ausführungen auch Laien unschwer verständlich sein werden.

Arnsberg, im September 1897.

**Der Verfasser.**

# Einleitung.

### § 1.

Die Haupteigenthümlichkeit des forstlichen Gewerbes, durch welche sich dasselbe von allen anderen bedeutend unterscheidet, liegt darin, daß die Erträge der zur forstlichen Produktion angelegten Kapitalien, welche letzteren sich in der Hauptsache aus dem Ankaufspreis für den Boden, aus den Kultur= und den Verwaltungskosten zusammensetzen, nicht alljährlich einziehbar sind, sondern daß diese als Zinsen und Zinses= zinsen so lange dem Kapitale zugeschlagen werden müssen, bis sie durch die Nutzung der herangewachsenen Holzbestände gleichzeitig mit den Kapitalien verfügbar werden. Die forstliche Produktion gleicht also einer Sparkasse, bei welcher es den Einlegern von Kapitalien nicht möglich ist, alljährlich die Zinsbeträge abzuheben, sondern bei welcher erst nach meist sehr langen, die Lebensdauer eines Menschen übertreffenden Zeiträumen die mit Zinsen und Zinseszinsen auf ein hohes Vielfache ihrer Beträge angewachsenen Kapitalien zurückgezahlt werden.

Diese Eigenthümlichkeit des forstlichen Gewerbes wird von vielen, besonders Anhängern der weiter unten zu erörternden Wald= reinertragstheorie, für so gewichtig und einschneidend gehalten, daß diese — bewußt oder unbewußt — behaupten, die Verzinsung der in der Forstwirthschaft angelegten Kapitalien ließe sich überhaupt nicht feststellen, oder, was genau dasselbe sagt, der Werth des zur forstlichen Produktion hergegebenen Bodens ließe sich gar nicht be= stimmen.

Wir wollen zunächst denen folgen, welche diese Aufgabe mit Hülfe der Zinseszinsrechnung lösen zu können glauben, und daran anschließend die Einwendungen der Gegner hören.

---

# Theoretische Erörterungen.

## Die Faustmann'sche Formel.

### § 2.

Um mit dem einfachsten Falle zu beginnen, wollen wir uns zunächst ein holzleeres Grundstück (Blöße) denken, welches der Eigenthümer aufzuforsten beabsichtigt.

Es sei ausgedrückt durch:

$B$: der Bodenwerth;

$V$: das Verwaltungskostenkapital und zwar so gedacht, daß dessen Zinsen gerade die jährlichen Verwaltungskosten, einschließlich Steuern u. s. w., abzüglich der jährlichen Nebeneinnahmen für Jagd, Grasnutzung u. s. w., decken;

$c$: der Kulturkostenbetrag;

$D_a$, $D_b$ . . . . . $D_p$, $D_q$: die Durchforstungserträge im Alter a, b . . . . . p, q des Bestandes;

$A_u$: der Abtriebsertrag im Alter u des Bestandes;

$p$: der Waldzinsfuß, das ist das Maaß für diejenige Vergütung, die der Eigenthümer des Grundstücks für Aufwendung der Anlagekapitalien fordert bezw. wirklich erhält.

Die Erträge sollen dabei sämmtlich erntekostenfrei d. h. als Reinerträge gedacht werden, wie sich solche aus den Roherträgen, also dem Verkaufserlös der eingeschlagenen Hölzer abzüglich der Kosten für Werbung, für Verkauf u. s. w. ergeben.

Die einfachste Formel der Zinseszinsrechnung:

$$K = k \cdot 1{,}0p^n$$

besagt, daß ein Kapital k zu $p\%$ Zinseszinsen ausgeliehen in n Jahren auf das $1{,}0p^n$ fache seiner Größe anwächst. Für den

Betrag, welchen die Zinsen und Zinseszinsen davon ausmachen, ergiebt sich daraus ohne weiteres der Ausdruck:

$$Z_z = k \cdot (1{,}0p^n - 1).$$

Wenn wir nun annehmen, der auf der Blöße zu begründende Bestand solle im Alter u eingeschlagen werden, dann setzen sich die Kosten, welche er bis dahin verursacht hat, zusammen aus den angesammelten Zinsen und Zinseszinsen für B und V (die Kapitalien B und V selbst gelangen zur Zeit des Bestandeseinschlags wieder zur Verfügung) und aus dem mit Zinsen und Zinseszinsen angewachsenen Kulturkostenbetrage. Die Einnahmen der Wirthschaft andererseits bestehen im Abtriebsertrag und den auf das Bestandsalter u prolongirten Durchforstungserträgen. Für das wirthschaftliche Gleichgewicht, das in jeder Wirthschaft vorhanden ist, wenn die Kosten gerade durch die Erträge gedeckt werden, erhalten wir demnach die Bedingungsgleichung:

$$(\text{I.})\quad (B + V) \cdot (1{,}0p^u - 1) + c \cdot 1{,}0p^u = A_u + D_a \cdot 1{,}0p^{u-a} +$$
$$+ D_b \cdot 1{,}0p^{u-b} + \ldots + D_p \cdot 1{,}0p^{u-p} + D_q \cdot 1{,}0q^{u-q}.$$

Besteht diese Gleichung nicht, ist vielmehr die rechte Seite des Ausdruckes größer oder kleiner als die linke, dann stellt die Differenz beider Seiten den Gewinn bezw. den Verlust des Unternehmers dar.

Für den Fall nun, daß der Besitzer den Grund und Boden für einen bestimmten Preis angekauft hat, läßt sich aus vorstehender Gleichung der Zinsfuß p berechnen, zu welchem sich die Anlagekapitalien B, V und c verzinsen. Wie aber ein Landwirth, der ein Gut zu kaufen beabsichtigt, nicht erst dann, nachdem er einen bestimmten Preis dafür geboten hat, sich die Verzinsung dieses Ankaufskapitals aus den Erträgen des Gutes berechnet, sondern wie er umgekehrt aus den Erträgen unter Zugrundelegung einer bestimmten von ihm für seine Anlagekapitalien geforderten Verzinsung den Werth des Gutes berechnet, ehe er bietet, so interessirt auch den Forstwirth viel häufiger als die eben gestellte Frage diejenige: welchen Werth hat dies oder jenes Grundstück zur forstlichen Produktion. Die Antwort giebt sofort die Gleichung (I), aus welcher sich nach einfacher Umformung für den Bodenwerth, den ich jetzt mit $_eB_u$ (Bodenerwartungswerth für das Abtriebsalter u) bezeichnen will, die Formel ableitet:

$$(II.)\quad {}_eB_u =$$

$$\frac{A_u + D_a \cdot 1{,}0p^{u-a} + D_b \cdot 1{,}0p^{u-b} + \ldots + D_p \cdot 1{,}0p^{u-p} + D_q \cdot 1{,}0p^{u-q} - c \cdot 1{,}0p^u}{1{,}0p^u - 1} - V.$$

Das ist die von Faustmann aufgestellte Formel für den Bodenerwartungswerth. Die letztere Bezeichnung ist mit Rücksicht darauf
gewählt, daß der Werth des Bodens dabei aus den zu erwartenden
Zukunftserträgen des Bestandes hergeleitet wird.

Es ist leicht zu ersehen, daß — wenn die übrigen Rechnungsfaktoren unverändert bleiben — $_eB_u$ um so größer sein wird, je größer
die Erträge $A_u$, $D_a$, $D_b$ ... und je kleiner die Kulturkosten c und
das Verwaltungskostenkapital V sind. Ebenso ist es ohne Weiteres
klar, daß mit einem Wachsen des Zinsfußes p ein Abnehmen von
$_eB_u$ verbunden ist. Der Einfluß des Abtriebsalters ist dagegen nicht
so einfach anzugeben: so lange noch ein Werthzuwachs des Bestandes
stattfindet, wird $A_u$ mit dem Abtriebsalter zunehmen, andererseits aber
wächst mit der Zunahme von u die verkleinernde Wirkung des prolongirten Kulturkostenbetrages, sowie des Nenners: $1{,}0p^u - 1$.
Dasjenige Abtriebsalter nun, für welches sich mittels vorstehender
Formel der höchste Bodenerwartungswerth ermittelt, wird von den
Anhängern der sogenannten Bodenreinertragstheorie als das
rentabelste angesehen und vorgeschrieben. Es führt allgemein die Bezeichnung „finanzielles Abtriebsalter".

Es leuchtet ohne Weiteres ein, daß die Forderung der
Bodenreinerträgler finanziell gerechtfertigt ist, sofern die obige
Formel überhaupt geeignet ist, den Bodenwerth richtig zu ergeben.
Es richten sich also alle Einwände, welche gegen die Berechtigung
der Bodenreinertragstheorie vorgebracht werden, indirekt auch gegen
die Richtigkeit oder wenigstens gegen die praktische Anwendbarkeit der
Faustmann'schen Formel.

## Einwände gegen die Faustmann'sche Formel.

### § 3.

Einige Einwürfe gelten zunächst der Anwendung von Zinseszinsen. Man sagt: „Im praktischen Leben gehen die Zinsen nicht
immer pünktlich am Fälligkeitstermine ein, der Kapitalist ist also nicht
in der Lage, sie sofort wieder zinstragend anzulegen, wie es in der

Formel von den Erträgen der zur forstlichen Produktion benutzten Kapitalien angenommen wird. Ferner," fährt man fort, „gehen die Zinsen in Wirklichkeit nicht immer unvermindert ein, die Kapitalisten müssen sich vielmehr häufig Kürzungen der Zinsbeträge, ja sogar Kapitalsverluste gefallen lassen."

Wir haben darauf zunächst zu antworten, daß in Sparkassen, Rentenbanken u. s. w. genau so pünktlich und so unverkürzt, wie es hier in der Formel angenommen wird, die Zinsen zum Kapital geschlagen, also selbst wieder zinstragend angelegt werden. Allerdings müssen Kapitalisten, die ihre Gelder auf Hypothek ausleihen, in Banken geben oder zu spekulativen Unternehmungen verwenden, mit der Gefahr rechnen, Verluste zu erleiden. Aber für das Risiko, das sie eingehen, lassen sie sich auch höhere Prozente bezahlen. „Wer wagt, gewinnt, wer wagt, verliert." Wer nichts riskiren will, wer im ruhigen gesicherten Besitz seiner Kapitalien und deren Erträge verbleiben will, der gebe sein Geld in die Sparkasse. Die Annehmlichkeit der Sicherheit allerdings muß er damit erkaufen, daß er sich mit einem geringeren Ertrage begnügen muß. Wenn in unserer Formel allerdings angenommen wird, daß die Zinsen der Anlagekapitalien pünktlich und unverkürzt alljährlich zum Kapital geschlagen werden, so hat das eben nur zur Folge, daß für diese Kapitalien nicht die hohen Zinserträge gefordert werden können, die von den zu spekulativen Unternehmungen hergegebenen Kapitalien verlangt werden, sondern daß man sich mit einem niedrigeren, etwa dem von Sparkassen gewährten Zinsfuße begnügen muß und kann.

Ob diesem Moment, welches für niedrige Zinsfüße spricht, nicht ein anderes in den der forstlichen Produktion drohenden Gefahren liegendes entgegenwirkt, soll weiter unten erörtert werden.

Es wird weiter eingeworfen: „Im praktischen Leben kommt es nicht vor, daß die gesammten Zinsen zum Kapital geschlagen werden, sondern der Kapitalist verzehrt, wenn nicht den ganzen Zinsbetrag, so doch einen größeren Theil davon."

Als Antwort diene ein Beispiel. Ein Kapitalist giebt 100 000 Mk. zu 3 % Zinsen in eine Sparkasse. Von dem jährlichen Ertrage von 3000 Mk. gebraucht er 1500 Mk. zu seinem Lebensunterhalte, die übrigen 1500 Mk. schlägt er alljährlich zum Kapital. Das ist genau dasselbe, als ob er 50000 Mk. zu einfacher Verzinsung und 50000 Mk. auf Zinseszinsen ausgeliehen hätte. Den letzteren Betrag hätte er ebenso gut zum Ankauf und zur Aufforstung eines Grundstückes benutzen können. Wenn er dabei den Boden mit einem Betrage bezahlt haben würde, der sich aus der Formel (II.) unter Zugrundelegung von 3 % Zinseszinsen ergiebt, so wäre er genau so gut gefahren, wie bei der Sparkasse.

Wir können unsererseits behaupten, daß die Zinseszinsrechnung durchaus den Vorgängen im praktischen Leben entspricht. Ueberall werden die Zinsen sofort wieder zinstragend angelegt. Die Erträge der in einem Fabrikunternehmen angelegten Kapitalien werden entweder zur Vergrößerung der Fabrik, zur Beschaffung besserer Maschinen u. s. w. verwendet, sie werden also zum Kapital geschlagen, oder sie werden als Hypothek ausgeliehen, in eine Kasse gegeben, jedenfalls zins= bezw. zinseszinstragend angelegt. Ebenso geschieht es in der Landwirthschaft, ebenso macht es in unserem obigen Beispiel der Rentner. Allerdings muß man dabei immer bedenken, daß von den in irgend einer Weise zinstragend angelegten Kapitalien zunächst derjenige Betrag von der Verzinseszinsung ausgeschlossen wird, dessen Ertrag der Kapitalbesitzer (Rentner, Fabrikunternehmer, Landwirth u f. w.) zum Unterhalt seiner selbst und seiner Familie verwendet. Wer 100000 Mk. besitzt und den gesammten Zinsertrag (etwa 3000 Mk. jährlich aus der Sparkasse) verzehrt, der ist eben nicht in der Lage zu sparen, der Betreffende kann die Zinsen nicht zum Kapital schlagen, er kann sie auch nicht mit Zinseszinsen sich anhäufen lassen, wie er gezwungen wäre es zu thun, wenn er das Kapital zum Ankauf und zur Aufforstung einer Blöße benutzen wollte. Wer sein Geld zur Aufforstung verwendet, muß sich eben, gerade so wie der Familienvater, der sich in eine Lebensversicherung einkauft, oder der Bauer, der sein Gut der Rentengesetzgebung unterwirft, klar sein, daß er es in eine Zwangssparkasse giebt.

Abgesehen von der Zinseszinsrechnung richtet sich nun eine weitere Anzahl von Einwürfen gegen die Faustmann'sche Formel direkt. Man sagt:

1. „Je nachdem man für p einen höheren oder niedrigeren Betrag einsetzt, ergeben sich für „B„ außerordentlich stark schwankende Werthe."

Die Thatsache ist richtig, enthält sie aber etwas Auffälliges? Einem Landwirth der ein Gut mit einem durchschnittlichen jährlichen Reinertrage von 10 000 Mk. kaufen will und der für sein Kapital eine Verzinsung von 4 % fordert, ist das Gut $\frac{10\,000}{0{,}04} = 250\,000$ Mk. werth; für einen anderen Landwirth, der sich mit einer Verzinsung von 3 % begnügen will, hat es den Werth von $\frac{10\,000}{0{,}03} = 333\,333$ Mk., und wer gar mit 2 % zufrieden sein will, kann $\frac{10\,000}{0{,}02} = 500\,000$ Mk. dafür zahlen. Aehnlich wird beim Ankauf einer Fabrik der eine Reflektant — unter Berücksichtigung des damit verbundenen Risikos — eine hohe Verzinsung seines Geldes fordern, der andere, der das Risiko geringer einschätzt, eine kleinere; und dementsprechend wird der erstere einen geringeren, der andere einen höheren Betrag anzulegen bereit sein. Genau so in der Forstwirthschaft: wer eine hohe Verzinsung für seine Anlagekapitalien fordert, für den hat das aufzuforstende Grundstück einen weit geringeren Werth als für denjenigen, der sich mit einer niedrigeren Verzinsung begnügen will.

Wie hoch nun aber im Durchschnitt der Zinsfuß für die zur forstlichen Produktion verwendeten Kapitalien zu bemessen sein dürfte, diese Frage soll in einem späteren Abschnitt erörtert werden.

2. wirft man ein: „Die Erträge, welche von dem heranzuziehenden Bestande erwartet werden, gehen erst in ferner Zukunft ein. Die Aufgabe, sie nach Masse und Geldwerth schon heute richtig einzuschätzen, ist eine sehr schwierige und wer sie zu lösen versucht, ist großen Irrthümern ausgesetzt."

Die Thatsache ist zum Theil wieder richtig und fällt besonders in's Gewicht bei einem Grundstück, das bisher anderen Zwecken als der forstlichen Produktion gedient hatte. Einer Hutefläche, einer Ackerfläche z. B., kann man allerdings leider nicht ohne Weiteres ansehen 1., welche Holzart die vortheilhafteste rentabelste Wirthschaft verbürgt und, wenn man sich für eine bestimmte Holzart entschieden hat, 2., welcher Bonität der Boden zuzuweisen ist. Bodenuntersuchungen u. s. w. geben dabei nicht immer ein einwandsfreies Resultat. Indessen sind grobe, dann allerdings unter Umständen für die Betroffenen sehr empfindliche Irrthümer auch hier nur selten.

Handelt es sich um eine Blöße, die schon früher zur Holzzucht diente, dann ist die Aufgabe schon bedeutend leichter. Die Wuchs=verhältnisse und der Massenertrag des eingeschlagenen Bestandes sind die besten Fingerzeige zur Einschätzung der Ertragsklasse, in welche der neu zu begründende Bestand einzureihen ist, und ein geübter Fachmann wird sich darin kaum irren. Damit ist allerdings die Schwierigkeit noch nicht beseitigt, denn wir wissen nun immer noch nicht genau vorauszusagen, welche Erträge werden die Durchforstungen im Alter von 30, 40 ..... Jahren, welchen Abtriebsertrag wird der Bestand liefern. Für die Abschätzung der Massenerträge geben ja die Ertragstafeln einen Anhalt; und mit der fortschreitenden Ver=besserung und Vervollkommnung der letzteren wird ja auch die Massen=einschätzung mit immer größerer Sicherheit bewirkt werden können. Wie aber ist es mit der Bemessung des Geldwerthes dieser Erträge? Sind nicht die Holzpreise großen Schwankungen unter=worfen, und wird nicht damit unter weiterer Berücksichtigung der langen Zeiträume der Rechnung aller Boden entzogen? Diese Frage enthält in Gemeinschaft mit dem vorher Gesagten denjenigen Vor=wurf, welcher in den Augen der Gegner für den schwerwiegendsten erachtet wird und der nach ihrer Ansicht im Stande ist, die ganze Methode der Bodenwerthsermittelung mittels der Formel des Boden=verwerthungswerthes und damit die Theorie des Bodenreinertrages zu Falle zu bringen.

Es ist richtig, daß durch die Schwankungen in den Holzpreisen, durch die Abweichung der wirklich eingehenden Massenerträge von den der Rechnung zu Grunde gelegten eingeschätzten allerdings die Richtigkeit der Rechnung beeinträchtigt werden kann und oft=mals werden wird. Ein Waldbesitzer, der einen 60jährigen Fichten=bestand einschlägt, dessen Abtriebsertrag sein Vorfahr, der den Bestand begründete, auf 20000 Mk. schätzte und der in Wirklichkeit jetzt nur 15000 Mk. Abtriebsertrag liefert, wird sagen: „Wenn ich heute die wirklich angefallenen Erträge in die von meinem Vorfahr vor 60 Jahren ausgeführte Rechnung einsetze, dann erhalte ich nicht einen Bodenwerth von beispielsweise 2000 Mk., sondern nur einen solchen von 1500, vielleicht auch nur von 1000 Mk." Umgekehrt aber könnte ebenso gut auch der Fall eintreten, daß sich jetzt ein höherer Werth ermittelt. Es muß übrigens hierbei auch noch das Schwanken des Zinsfußes in Betracht gezogen werden, das geeignet sein kann, der in Frage stehenden Werthschwankung des Waldbodens entgegen zu wirken, das allerdings auch umgekehrt dazu beitragen kann, den Fehler der Vorausberechnung noch zu vergrößern. Ist denn aber das Schwanken des Waldbodenwerthes im Laufe langer Zeiträume etwas so Absonderliches? Schwanken andere wirthschaftliche Werthe denn nicht ebenfalls?

Nehmen wir wieder den Landwirth aus dem weiter oben angeführten Beispiel, der für ein Landgut, das einen jährlichen Reinertrag von 10000 Mk. abwirft, unter Zugrundelegung der von ihm geforderten Verzinsung von 4 %, 250000 Mk. bezahlt. Ist dieser Landwirth nun sicher, daß er nach etwa 40 Jahren das Gut mit demselben Werthe seinem Erben überliefern kann? Ist die Möglichkeit ausgeschlossen, daß durch das Sinken der Preise für landwirthschaftliche Produkte der Reinertrag und damit der Kaufwerth des Gutes auf die Hälfte herabgesunken oder umgekehrt durch das Steigen der Produktenpreise auf das Doppelte angewachsen ist? Und kann nicht durch das gleichzeitig stattgehabte Sinken oder Steigen des Zinsfußes diese Werthänderung ganz oder theilweise ausgeglichen oder umgekehrt noch stark vergrößert sein? — Wie viel größer ist nicht weiterhin die Schwankung der Werthe von den in industriellen Unternehmungen angelegten Kapitalien! Eine einzige Erfindung kann den Werth einer Fabrik auf den 10., auf den 50. Theil seines bisherigen Betrages reduziren. Selbst derjenige, welcher ganz sicher gehen will und sein Geld in die Sparkasse trägt, muß damit rechnen, daß durch das Sinken des Zinsfußes der Werth seiner Kapitalien über kurz oder lang nicht unerheblich vermindert wird. Wie es in der ganzen Natur keinen Stillstand giebt, wie wir überall ein fortwährendes Steigen und Fallen, ein Werden und Vergehen wahrnehmen, so liegen auch die wirthschaftlichen Güter in dauerndem Kampfe mit einander. Die Palme des Sieges, der hier im Behaupten des höheren Werthes im Vergleich zu den anderen Gütern liegt, fällt dabei bald dem einen, bald dem anderen zu. Es fällt und sinkt der Werth des Leihkapitals, der in der Landwirthschaft, in industriellen Unternehmungen angelegten Kapitalien, es fällt und sinkt der Werth der Arbeit, genau so steigt und fällt auch der Waldbodenwerth.

Es kann in dieser Beziehung sogar mit ziemlicher Sicherheit behauptet werden, daß sich die Forstwirthschaft hierbei bei Weitem günstiger stellt, als die meisten der anderen Gewerbe. Die Reinerträge der Forsten haben in langen Zeiträumen das Bestreben gezeigt, langsam zu steigen, großen und plötzlichen Schwankungen sind sie nicht unterworfen gewesen.

Diejenigen aber, welche in Folge des Momentes der Unsicherheit, das durch die Einschätzung der Zukunftserträge in die Rechnung hineinkommt, die ganze Rechnung verwerfen, möchte ich auffordern, irgend einen anderen verständigen Weg zur Berechnung des Waldbodenwerthes einer Blöße anzugeben, bei welcher diese Einschätzung der Zukunftserträge nicht stattfindet. Der Werth jedes Produktionsmittels wird bestimmt durch den Werth der produzirten Güter. Ob die Produkte täglich, jährlich oder erst im Laufe sehr langer Zeiträume fertig gestellt werden, das kann daran nichts ändern.

3. giebt es nun noch eine Gruppe von Gegnern, die einfach sagen: „Daß Euere Formel falsch sein muß, geht schon daraus hervor, daß Ihr zu niedrige Werthe damit herausrechnet.“

Daß diese Logik jeder Berechtigung entbehrt, liegt auf der Hand, wir wollen sie aber doch etwas näher beleuchten und zwar zunächst wieder durch Heranziehen eines Beispieles aus der Landwirthschaft. Ein Gutsbesitzer hat 3000 Mk. jährlichen Reinertrages aus seinem Gute. Zu 3 % entspricht das einem Kapitalswerthe von $\frac{3000}{0,03} = 100\,000$ Mk. Da nun dieser letztere Betrag gerade der Summe gleichkommt, die er für Errichtung der nothwendigen Wohn- und Wirthschaftsgebäude sowie für Anschaffung des Inventars ausgegeben hat, so wird ihm durch das einfache Exempel klar, daß die Einnahme aus seiner Wirthschaft gerade noch das in den Gebäuden und im Inventar steckende Kapital verzinst, daß aber für den Boden keine Rente mehr abfällt, daß also der Bodenwerth gleich Null ist. Unsere Logiker müßten hier mit demselben Rechte, mit dem sie unsere Rechnung bekämpfen, sagen: „Die Rechnung ist falsch, denn wie kann der Bodenwerth = 0 sein."

Allerdings ist die Rentabilität der Forstwirthschaft, wie wir späterhin sehen werden, in sehr vielen Fällen äußerst gering, allerdings berechnen sich für Waldboden z. Th. sehr niedrige, in vielen Fällen sogar negative Werthe, und es mag Manchem, der die Rentabilität der Forstwirthschaft bisher nach den jährlichen Reinerträgen fertiger Wälder oberflächlich ohne große Rechnung bemessen hat, schwer werden, daran zu glauben, daß dieselbe thatsächlich mehrfach mit Unterbilanz arbeitet; aber an der Richtigkeit der Thatsache ändert das gar nichts. Der landläufige Irrthum, nach welchem die Waldbodenrente in vielen Fällen weit überschätzt wird, hat darin seinen Grund, daß man sich nicht genügend klar macht, wie viele und wie hohe Kultur- und Verwaltungskosten ausgegeben werden müssen, und wie lange Zeiträume dieselben, ohne einen Ertrag zu liefern, liegen müssen, bis der Holzvorrath eines Normalwaldes herangewachsen ist, der es alsdann erst ermöglicht, daß die hohen Erträge aus dem Walde entnommen werden können. Die jährlichen Erträge eines Waldes repräsentiren die Verzinsung vom Bodenwerth und Holzvorrathskapital, und da der Betrag, welcher aufgewendet werden muß, um einen normalen Holzvorrath heranzuziehen, eben ein sehr hoher ist, seine Verzinsung demnach einen großen Theil, oft sogar den ganzen Betrag der jährlichen Erträge in Anspruch nimmt, so bleibt für die Verzinsung des Bodenwerthes oftmals nur wenig oder nichts übrig, d. h. der Bodenwerth ist sehr gering, bezw. gleich Null.

## Ermittelung des Bestandeswerthes.

### § 4.

Die bisherigen Betrachtungen bezogen sich auf eine Blöße, die aufgeforstet wird und die durch die Nutzung der darauf zu erziehenden Holzbestände in langen Zeiträumen regelmäßig wiederkehrende Erträge liefert. Das ist der sogenannte „aussetzende Betrieb". Es giebt nun eine nicht geringe Anzahl von Forstleuten — die bedeutendsten Vertreter der Waldreinertragstheorie gehören zu ihnen —, die sagen: „Für die Berechnung des Bodenwerthes einer Blöße lassen wir Euere Formel gelten, für die Ermittelung der rentabelsten Umtriebszeit beim aussetzenden Betriebe mag die Bodenreinertrags=theorie Berechtigung haben, aber für die Ermittelung des Boden=werthes einer ganzen Betriebsklasse ist mit der Formel des Bodenerwartungswerthes nichts anzufangen; hier führt die An=wendung der Lehren der Bodenreinträgler zur Bestimmung der rentabelsten Umtriebszeit zu groben unheilvollen Irrthümern."

Ehe wir diesen Einwand näher beleuchten, wollen wir vorerst in der Waldwerthrechnung weiter vorgehen, und zwar wollen wir zur Ermittelung des Bestandeswerthes schreiten und dabei zu=nächst die Methode des Bestandeskostenwerthes und alsdann diejenige des Bestandserwartungswerthes wählen.

### 1. Bestandeskostenwerth ($_kH_x$).

Die Kosten, welche ein x-jähriger Bestand verursacht hat, setzen sich zusammen aus den mit Zinsen und Zinseszinsen an=gewachsenen Kulturkosten und dem angesammelten Betrage der Zinsen und Zinseszinsen für das Boden= sowie das Verwaltungs=kostenkapital. Die Erträge bestehen in den auf das Alter x pro=longirten bis dahin eingegangenen Durchforstungserträgen. Wir erhalten demnach, wenn wir wieder die im § 2 gebrauchten Be=zeichnungen einführen, für den Bestandeskostenwerth, das ist für den Ueberschuß der Kosten über die Erträge, den Ausdruck:

$$(\text{III.}) \quad _kH_x = (B + V)\,(1{,}0p^x - 1) + c\,.\,1{,}0p^x - D_a\,.\,1{,}0p^{x-a} -$$
$$- D_b\,.\,1{,}0p^{x-b} - \,.\,.\,.\,.$$

### 2. Bestandeserwartungswerth ($_eH_x$).

Wir wollen annehmen, es sei beabsichtigt, den jetzt x-jährigen Bestand im Alter u einzuschlagen. Die Erträge, welche derselbe in diesem Alter liefert, setzen sich zusammen aus dem Abtriebsertrag Au und dem auf diesen Zeitpunkt prolongirten, bis dahin etwa noch erfolgenden Durchforstungserträgen Dp, Dq . . . . . Die Kosten, welche er bis dahin noch verursacht, bestehen in der Inanspruchnahme des Boden= sowie des Verwaltungskostenkapitals (B und V). Für das Alter u ergiebt sich daher der Werth:

$$A_u + D_p \cdot 1{,}0p^{u-p} + D_q \cdot 1{,}0p^{u-q} + \ldots - (B+V) \cdot (1{,}0p^{u-x} - 1).$$

Der Jetztwerth des Bestandes beträgt mithin:

$$(IV) \quad {}_eH_x = \frac{A_u + D_p \cdot 1{,}0p^{u-p} + D_q \cdot 1{,}0p^{u-q} - (B+V) \cdot (1{,}0p^{u-x} - 1)}{1{,}0p^{u-x}}.$$

Für die Größen von ${}_kH_x$ und ${}_eH_x$, sowie für das Verhältniß beider zu einander ergiebt sich nun eine Anzahl von Beziehungen, von denen ich nur die anführen will, die uns im Folgenden inter=essiren werden.

1. Der Bestandeskostenwerth ist gleich dem Bestandeserwartungs=werth, falls man für B den Bodenverwerthungswerth der gemeinsamen Umtriebszeit einsetzt.

Der Beweis läßt sich sofort durch Einsetzen des betreffenden Formelausdruckes (II.) für B erbringen. Die Formeln (III.) und (IV.) gehen alsdann in einander über.

2. Der Bestandeserwartungswerth kulminirt bei derselben Umtriebszeit wie der Bodenerwartungswerth, falls der Bodenwerth B mit dem Maximum des Bodenerwartungswerthes eingesetzt wird.

Der Beweis ergiebt sich aus folgender Ueberlegung: Aus dem Gesetz zu 1 geht hervor, daß ${}_eH_x$ in gleicher Weise wächst und fällt wie ${}_kH_x$, falls für B der Bodenerwartungswerth der gemeinsamen Umtriebszeit eingesetzt wird. Dieses Gesetz muß auch richtig bleiben, wenn für B der Bodenerwartungswerth derjenigen Umtriebszeit ein=gesetzt wird, bei welcher sich derselbe als ein Maximum berechnet. Wenn nun in diesem Falle, wie ein Blick auf Formel (III.) lehrt, ${}_kH_x$ kulminirt, so muß gleichzeitig auch ${}_eH_x$ kulminiren, w. z. b. w.

3. Der Nutzungswerth eines Bestandes ist sowohl vor als auch nach dem rentabelsten (finanziellen) Abtriebsalter kleiner als das Maximum des Bestandeserwartungswerthes.

Beweis: Die Bedingungsgleichung (I.) für das wirthschaftliche Gleichgewicht:

$$(1.) \quad A_u + D_a \cdot 1{,}0p^{u-a} + \ldots + D_q \cdot 1{,}0p^{u-q} = (B+V) \cdot (1{,}0p^u - 1) + c \cdot 1{,}0p^u$$

wird, wenn alle übrigen Faktoren unveränderlich gedacht werden, nur dann erfüllt, wenn man für B den aus dieser Gleichung be=

rechneten Bodenerwartungswerth einsetzt. Für den Bestandsabtrieb im Alter m lautet sie daher:

$$(2.)\quad A_m + D_a \cdot 1{,}0p^{m-a} + \ldots = (_cB_m + V) \cdot (1{,}0p^m - 1) + {} + c \cdot 1{,}0p^m.$$

Nehmen wir nun an, das rentabelste Abtriebsalter sei u, dann ist $_cB_u > {}_cB_m$. Wir erhalten demnach, wenn wir in die Gleichung (2.) $_cB_u$ an Stelle von $_cB_m$ einsetzen, die Ungleichung:

$$(3.)\quad A_m + D_a \cdot 1{,}0p^{m-a} + \ldots < (_cB_u + V)(1{,}0p^m - 1) + {} + c \cdot 1{,}0p^m \text{ oder:}$$

$$(4.)\quad A_m < (_cB_u + V) \cdot (1{,}0p^m - 1) + c \cdot 1{,}0p^m - D_a \cdot 1{,}0p^{m-a} - \ldots$$

Die rechte Seite ist aber der Bestandeskostenwerth ($_kH_m$ Formel III.) für den mjährigen Bestand, wobei für B das Maximum des Boden= erwartungswerthes eingesetzt ist. Dieser Bestandeskostenwerth wird nach dem 1. Gesetz gleich dem Bestandeserwartungswerth, wenn man in die Formel für letzteren ebenfalls für B das Maximum des Bodenerwartungswerthes einsetzt. Im letzteren Falle nun wird $_cH_u$ nach Gesetz 2 ebenfalls ein Maximum. Die Gleichung (4.) drückt demnach direkt aus, was zu beweisen war.

## Finanzielles Abtriebsalter eines einzelnen Bestandes. (Weiserprozent.)

### § 5.

Wir wollen uns jetzt die Frage vorlegen: Wie ermitteln die Bodenreinerträgler das rentabelste (finanzielle) Abtriebsalter eines xjährigen Bestandes? Diese Frage ist nach der Ansicht der Gegner der Eckstein, an welchem die Bodenreinertragstheorie zerschellen muß. Sie sagen: „Mit der Faustmann'schen Formel könnt Ihr doch jetzt nichts mehr anfangen, Ihr begebt Euch damit auf ein ganz un= sicheres Gebiet, Euere Rechnungen haben keinen Werth mehr. Denn wie hoch wollt Ihr z. B., wenn Ihr mit obiger Frage vor einen 80jährigen Kiefernbestand gestellt werdet, den Kulturkostenbetrag in die Faustmann'sche Formel, in der er wegen des längsten Ver= zinsungszeitraumes eine ausschlaggebende Rolle spielt, einsetzen? Der Bestand mag vielleicht vor 80 Jahren beinahe kostenlos be= gründet sein, vielleicht hat er aber auch sehr hohe Kulturkosten er=

fordert. Je nachdem man aber einen hohen oder einen niedrigen Kulturkostenbetrag einsetzt, je nachdem berechnen sich für das rentabelste Abtriebsalter abweichende Zahlen. Aehnliches gilt von den Durchforstungserträgen, die der Bestand schon geliefert hat, die lassen sich auch nicht mehr genau angeben. Gebt also endlich zu," fahren einige fort, „daß Ihr Euch auf ganz unsicherem Boden bewegt, daß Euere Lehre eine Irrlehre ist."

Gegen den Einzelbestand wird dieser Einwand allerdings nicht so direkt ausgesprochen, wir werden aber sehen, daß, was für die Betriebsklasse gilt, nothwendiger Weise auch für den Einzelbestand richtig sein muß.

Zur Beantwortung der obigen Frage wollen wir annehmen, es handle sich um einen m-jährigen Bestand, der Bodenwerth betrage B, das Verwaltungskostenkapital V und der jetzige Nutzungswerth des Bestandes — also für den Fall, daß er jetzt sofort eingeschlagen würde — sei $A_m$.

Wir wollen jetzt einmal die Unterfrage stellen: wie verzinsen sich die von dem weiterwachsenden Bestande in Anspruch genommenen Kapitalien ($A_m$, B und V), wenn wir denselben noch z. B. n Jahre wachsen lassen, nach welcher Zeit er durch Massen- und Werthszuwachs den Betrag $A_{m+n}$ erlangt haben möge.

Für die Ermittelung des Zinsfußes, den ich mit w bezeichnen will, haben wir die Bestimmungsgleichung:

$$(A_m + B + V) \cdot 1{,}0w^n = A_{m+n} + B + V.$$

Die linke Seite stellt den Betrag dar, auf welchen während der n Jahre die Kapitalien anwachsen, welche dem Besitzer verfügbar würden, wenn er den Bestand sofort einschlüge. Die rechte Seite dagegen repräsentirt die Kapitalien, welche dem Besitzer nach n Jahren, also im Alter m+n des Bestandes verfügbar werden.

Aus vorstehender Gleichung ergiebt sich:

$$1{,}0w^n = \frac{A_{m+n} + B + V}{A_m + B + V},$$

$$1{,}0w = \sqrt[n]{\frac{A_{m+n} + B + V}{A_m + B + V}} \quad \text{oder}$$

$$(\text{V.}) \quad w = 100 \left( \sqrt[n]{\frac{A_{m+n} + B + V}{A_m + B + V}} - 1 \right)$$

Dem w hat Preßler den Namen „Weiserprozent" beigelegt mit Rücksicht darauf, daß seine Größe, wie wir gleich sehen werden, uns darauf hinweist, ob ein Bestand hiebsreif ist oder nicht. Preßler hat überdies dem Ausdruck für w eine etwas andere zur Rechnung bequemere Näherungsform gegeben. Außer ihm haben Heyer, Judeich und Kraft für w Formeln abgeleitet, die zwar verschieden aussehen, die im Grunde genommen aber alle dasselbe besagen.

Nach Beantwortung der Unterfrage kehren wir jetzt zur Hauptfrage zurück und sagen: ergiebt sich aus dieser Formel (V.) für w ein Betrag, der höher ist als der Waldzinsfuß, d. h. höher als diejenige Verzinsung, die der Waldbesitzer für seine zur forstlichen Produktion angelegten Kapitalien fordert, so ist eben der Zeitpunkt des rentabelsten Abtriebsalters noch nicht gekommen, der Bestand „wächst noch in's Geld". Ergiebt sich w kleiner als der Waldzinsfuß, dann ist nach n Jahren jedenfalls das rentabelste Abtriebsjahr schon vorüber. Ist w dagegen gleich dem Waldzinsfuß, dann würde das besagen, daß der Zuwachs des Bestandes die von letzterem in Anspruch genommenen Kapitalien gerade in der Höhe des Waldzinsfußes verzinst. In diesem Falle ist es gleichgültig, ob der Bestand sofort oder erst nach n Jahren eingeschlagen wird, die Wirthschaft befindet sich im Gleichgewicht. Ergiebt sich nun z. B. unter Einsetzung der Zahl 5 für n ein w größer als der Waldzinsfuß, unter Einsetzung der Zahl 10 für n dagegen ein w kleiner als derselbe, so wissen wir damit, daß das rentabelste Abtriebsalter jetzt noch nicht gekommen, daß es in 10 Jahren dagegen überschritten ist, es liegt also zwischen dem Bestandesalter von m und m + 10 Jahren; die Aufgabe ist damit also gelöst. — „Noch lange nicht!" wird jetzt ein Theil der Gegner sagen, „theoretisch allenfalls, aber praktisch geht's nicht. In der Formel kommt B vor, dafür setzt Ihr wieder Euren Bodenerwartungswerth ein, und der Ausdruck für letzteren enthält ja gerade den unsicheren, in ferner Vergangenheit liegenden Kulturkostenbetrag, sowie die längst verbrauchten Durchforstungserträge."

Wir wollen uns zunächst einmal den Fall denken, daß ein Waldbesitzer die Absicht hat, ein mit 40jährigem Eichen-Stangenholz bestandenes Grundstück der landwirthschaftlichen Produktion zuzuführen, nachdem er eingesehen hat, daß der kräftige Lehmboden durch Rübenbau sich weit höher verwerthen läßt als durch Holzzucht. Für diesen Fall wird sich der betreffende Besitzer den Bodenwerth nach dem landwirthschaftlichen Ertrage ermitteln und den gefundenen Betrag alsdann in die obige Formel (V.) einsetzen. Er kommt dabei etwa zu dem Resultat, daß er den Bestand noch 10 Jahre, also bis zu einem Alter stehen lassen muß, in welchem die schwachen Eichenstangen in die Grubenholzstärken hineingewachsen sind.

Wir gehen nun einen Schritt weiter und nehmen an, der Besitzer will zwar aus irgend welchen Gründen den Wald beibehalten, er hat sich aber berechnet, daß die Fichtenwirthschaft viel rentabeler ist und will diese deshalb sobald als möglich an Stelle der Eichenzucht setzen. Er legt sich die Frage vor, wie lange er vom Standpunkte der Rentabilität den 40jährigen Eichenbestand noch wachsen lassen muß. ehe er ihn abtreibt und mit der Begründung des Fichtenbestandes beginnt. Er wird diese Frage mit Hülfe unserer obigen Formel beantworten und im jetzigen Falle für B den Betrag einsetzen, der sich mittels der Faustmann'schen Formel unter Einsetzung der von dem nachzuziehenden Fichtenbestande zu erwartenden Erträge sowie unter Zugrundelegung der rentabelsten Umtriebszeit berechnet. Allerdings erscheint in diesem Falle in obiger Formel (V.), wenn man für B den Formelausdruck des Bodenerwartungswerthes einsetzt, der angefochtene Betrag c (eventuell $D_a$, $D_b$ . . . .). Damit ist aber bei Leibe nicht der Kulturkostenbetrag gemeint, den der Eichenbestand vor 40 Jahren erforderte, sondern derjenige, welcher für den in Aussicht genommenen Fichtenbestand erforderlich sein wird.

Ganz ähnlich liegt der Fall, wenn ein Waldbesitzer z. B. sagt: Ich will zwar bei der Fichtenwirthschaft bleiben, aber der jetzt 50jährige Bestand ist lückig und ästig, er nutzt die Produktionskraft des Bodens nicht gehörig aus, ich will untersuchen, wie lange ich ihn vom Standpunkte der Rentabilität noch stehen lassen kann. In diesem Falle hat er wieder in obiger Formel für B den höchsten Bodenerwartungswerth unter Zugrundelegung der Erträge des neu zu begründenden normalen Fichtenbestandes einzusetzen.

Nicht anders ist es endlich, wenn wir den häufigsten Fall annehmen, daß also ein ganz normal gewachsener Bestand, z. B. ein 60jähriger Fichtenbestand vorliegt, von welchem das rentabelste Abtriebsalter ermittelt werden soll, ohne daß die Absicht besteht, von der bisherigen Wirthschaft irgend wie abzuweichen. Für diesen Fall wird auch für B das Maximum des Bodenerwartungswerthes in die Formel (V.) eingesetzt. Aber um diesen letzteren Werth zu berechnen, brauchen wir uns nicht, wie die Waldreinerträgler unterstellen, den Kopf darüber zu zerbrechen, welchen Kulturkostenaufwand der Bestand vor 60 Jahren erfordert hat, welche Durchforstungserträge er im 30=, 40=, 50jährigen Alter geliefert hat, sondern wir sagen: wenn wir heute den Bestand abtrieben, dann hätte der Boden den Werth für uns, der sich aus der Faustmann'schen Formel als Maximum für das rentabelste Abtriebsalter des neu zu begründenden Bestandes ergiebt. Wir ermitteln also den Bodenwerth aus den Kulturkosten und Zukunftserträgen des kommenden Bestandes und nicht aus den allerdings meist nicht mehr zu ermittelnden entsprechenden Beträgen des in der hinter uns liegenden Zeit herangewachsenen. Daß auch bei Veranschlagung der Erträge für den kommenden Bestand wir Irrthümern ausgesetzt sind, daß auch hier durch Preisschwankungen u. s. w. unsere Rechnung alterirt werden kann, das habe ich im vorigen Abschnitt ausgeführt; wir haben aber gesehen, daß in dieser Beziehung die Forstwirthschaft im Vergleich zu anderen Gewerben eher größere als geringere Sicherheit bietet.

§ 6.

Für den zuletzt behandelten Fall, bei welchem also der vorliegende Bestand, dessen rentabelstes Abtriebsalter ermittelt werden soll, ein normaler ist, also dieselbe Beschaffenheit hat, die der nach seinem Abtrieb neu zu begründende Bestand im entsprechenden Alter nach unserer der Rechnung zu Grunde gelegten Voraussetzung auch erlangen wird, berechnet sich nun nach Formel (V.) für den z. B. 60jährigen Fichtenbestand genau dasselbe Abtriebsalter als das rentabelste, welches sich aus der Faustmann'schen Formel für den Zukunftsbestand als solches ergiebt.

Die Richtigkeit der vorstehenden Behauptung leuchtet eigentlich ohne Weiteres ein. Da sie aber zur Bekämpfung der Einwendungen gegen die Bodenreinertragstheorie von größter Bedeutung ist, will ich den Beweis dafür führen.

Wir wollen annehmen, es handle sich um einen m jährigen Bestand und für den Zukunftsbestand, der also nach Abtrieb des jetzigen begründet werden kann, sei mittels der Faustmann'schen Formel das u jährige Abtriebsalter als das rentabelste (als das finanzielle) ermittelt worden. Wir wollen uns nun einmal in das Alter m des Zukunftsbestandes versetzt denken und gleichzeitig annehmen, daß bis dahin die Rechnungsfaktoren für die Faustmann'sche Formel, mittels der heute im Alter o des Bestandes der Abtrieb im u järigen Alter als der rentabelste berechnet wird, unverändert geblieben sind, daß also die Durchforstungen $D_a$, $D_b$ .... wirklich in der heute eingesetzten Höhe eingegangen sind, daß alsdann auch die noch zu erwartenden Erträge $D_p$, $D_q$ .... $A_u$ auf die heute angenommenen Beträge eingeschätzt werden müssen und daß endlich das in Anspruch genommene Verwaltungskostenkapital dasselbe geblieben ist. Unter dieser Annahme wird sich auch im m jährigen Bestandesalter für den Abtrieb im Alter u das Maximum des Bodenerwartungswerthes und damit nach Gesetz 2, § 4 auch das Maximum des Bestandeserwartungswerthes berechnen.

Für letzteren erhalten wir, wenn wir die bisherigen Bezeichnungen wieder beibehalten und gleichzeitig annehmen, daß die etwa noch zu erwartenden Durchforstungserträge $D_p$, $D_q$ .... — auf das Jahr u prolongirt — in $A_u$ mitenthalten sind, nach Formel (IV.) den Ausdruck:

$$_eH_m = \frac{A_u - (_eB_u + V) \cdot (1{,}0p^{u-m} - 1)}{1{,}0p^{u-m}}.$$

Nun ist nach Gesetz 3, § 4 sowohl vor als nach dem rentabelsten Abtriebsalter eines Bestandes sein Nutzungswerth kleiner als das Maximum des Bestandeserwartungswerthes. Wir erhalten danach die Ungleichung:

$$(1.) \quad A_m < \frac{A_u - ({}_eB_u + V) \cdot (1{,}0p^{u-m} - 1)}{1{,}0p^{u-m}},$$

$$(2.) \quad (A_m + {}_eB_u + V)(1{,}0p^{u-m}) < A_u + {}_eB_u + V,$$

$$(3.) \quad 1{,}0p^{u-m} < \frac{A_u + {}_eB_u + V}{A_m + {}_eB_u + V},$$

$$(4.) \quad p < 100 \left( \sqrt[u-m]{\frac{A_u + {}_eB_u + V}{A_m + {}_eB_u + V}} - 1 \right)$$

Für den Fall, daß $m > u$ ist, geht die Ungleichung (3.) über in:

$$1{,}0p^{-(m-u)} < \frac{A_u + {}_eB_u + V}{A_m + {}_eB_u + V},$$

$$\frac{1}{1{,}0p^{m-u}} < \frac{A_u + {}_eB_u + V}{A_m + {}_eB_u + V}.$$

$$(5.) \quad p > 100 \left( \sqrt[m-u]{\frac{A_m + {}_eB_u + V}{A_u + {}_eB_u + V}} - 1 \right).$$

Für den Fall, daß der Nutzungswerth des Bestandes im Alter m gleich dem Maximum des Bestandeserwartungswerthes ist, erhalten wir:

$$(6.) \quad p = 100 \left( \sqrt[u-m]{\frac{A_u + {}_eB_u + V}{A_m + {}_eB_u + V}} - 1 \right),$$

oder falls $m > u$:

$$p = 100 \left( \sqrt[m-u]{\frac{A_m + {}_eB_u + V}{A_u + {}_eB_u + V}} - 1 \right).$$

Bezeichnen wir die rechte Seite der Gleichung bezw. Ungleichung mit R, so lehren uns — da p der Waldzinsfuß ist — die Formeln (4.), (5.) und (6.): vor dem rentabelsten Abtriebsalter u des Zukunftsbestandes ist R größer, nach demselben kleiner als der Waldzinsfuß.

Diese Beziehung hat sich ergeben unter der einzigen Voraussetzung, daß in jedem Alter des Zukunftsbestandes die Rechnungsfaktoren, die heute zwecks Ermittelung seines rentabelsten Abtriebsalters in die Faustmann'sche Formel eingesetzt werden, unverändert geblieben sind. Diese Voraussetzung nun trifft für keinen Bestand so vollständig zu, wie für den vor uns stehenden m jährigen, dessen finanzielles Abtriebsalter wir bestimmen wollen. Er repräsentirt gleichsam die vom Himmel gefallene m jährige Altersstufe des Zukunfts= bestandes. Für ihn sind die in den Formeln (4.), (5.) und (6.) vorkommenden Größen p, $A_m$, $A_u$, $_eB_u$, V genau so groß, wie wir sie heute für den Zukunftsbestand annehmen, für ihn hat also die durch die Formeln ausgedrückte Beziehung zwischen R und dem Waldzinsfuß die uneingeschränkteste Geltung. Wir können daher in Bezug auf ihn sagen: so lange $m < u$ ist, wird $R >$ der Wald= zinsfuß sein, sobald $m > u$ wird, wird sich dagegen $R <$ der Wald= zinsfuß ergeben.

Nachdem wir dies festgestellt haben, wollen wir fragen, welches Abtriebsalter sich mittels der Verzinsungsformel (V.) für unseren Bestand als das rentabelste ermittelt. Die Formel lautet für den mjährigen Bestand:

$$w = 100 \left( \sqrt[n]{\frac{A_{m+n} + B + V}{A_m + B + V}} - 1 \right).$$

Es ist leicht zu erkennen, daß der Ausdruck für w und der vorhin mit R bezeichnete identisch sind. Wenn man nämlich n so groß wählt, daß $m + n = u$ ist, dann ist auch $A_{m+n} = Au$. Es muß sich daher wie vorhin R so auch jetzt w so lange $>$ der Wald= zinsfuß p ergeben, als $m < m + n$ d. h. $< u$ ist; und umgekehrt muß $w < p$ werden, sobald $m > u$ ist. Also auch mittels der Formel (V.) wird uns das u jährige Abtriebsalter, d. h. dasjenige als das rentabelste bezeichnet, das sich nach unserer Annahme für den Zukunftsbestand mittels der Faustmann'schen Formel als das rentabelste ermittelt, was zu beweisen war.

Wir können daher, wenn wir das rentabelste Abtriebsalter eines normalen Bestandes ermitteln wollen, ohne Weiteres zur Faust= mann'schen Formel greifen, wie es bei der Blöße geschieht und brauchen uns dabei nicht vorwerfen zu lassen, wir rechneten mit Ausgabe= und Einnahmebeträgen, die in ferner Vergangenheit lägen, die sich also gar nicht mehr feststellen ließen und deren Einsetzung daher unserer Rechnung allen Boden entzöge.

Ist der Bestand nicht normal, dann bestimmen wir gleichwohl

zunächst das Maximum des Bodenerwartungswerthes für einen normalen Zukunftsbestand und unter Einsetzung dieses Betrages für B in die Formel (V.) ermitteln wir alsdann das rentabelste Abtriebsalter.

Daß letzteres bei anormalen Beständen immer niedriger sein muß als bei normalen, ergiebt sich aus folgender Ueberlegung: Anormale Bestände sind in der Hauptsache lückige, ästige und kranke, ihre Masse, besonders aber ihr Geldwerth ist geringer als der eines gleichalten normalen Bestandes. Der jährliche Zuwachs eines anormalen Bestandes wird daher schon der Masse nach dem eines normalen kaum gleichkommen, dem Werthe nach aber wird er stets dagegen nicht unbedeutend zurückbleiben. Man wird ohne großen Irrthum annehmen können, daß das Geldwerthszuwachsprozent des Bestandes in beiden Fällen gleich groß ist, daß also der geringere Werthzuwachs des anormalen Bestandes den geringeren Geldwerth desselben in gleicher Höhe verzinst, wie der größere Werthzuwachs des normalen Bestandes dessen größeren Geldwerth. Wenn man nun in beiden Fällen zu dem zu verzinsenden ungleichen Holzkapital die gleichgroßen Kapitalien B und V hinzufügt, so wird dadurch, wie ein einfacher Satz der Mathematik lehrt, die Verzinsung im anormalen Bestande, also in demjenigen mit geringerem Holzkapital mehr herabgedrückt als im normalen; es wird also in ersterem das Weiserprozent w (Formel (V.)) früher auf den Betrag des Wald=zinsfußes herabsinken als in letzterem, ersterer wird also früher hiebs=reif werden.

## Finanzielle Umtriebszeit einer Betriebsklasse.
### (Nachhaltiger Betrieb.)

### § 7.

Ich erwähnte schon, daß eine Richtung besteht, welche die Lehren der Bodenreinertragstheorie für den aussetzenden Betrieb gelten lassen will, die ihnen aber alle Berechtigung abstreitet, sobald es sich um einen nachhaltigen Betrieb, also um einen fertigen Wald mit wenigstens annähernd normaler Altersklassenfolge und annähernd gleich hoher jährlicher Abnutzung handelt.

Es wurde schon darauf hingewiesen, und ich wiederhole es hier, daß die Gründe, auf welche sich dieser Einwand stützt, mit demselben Rechte auch gegen den Einzelstand geltend gemacht werden könnten. Hat die Bodenreinertragsformel keine Berechtigung für eine ganze Betriebsklasse, so hat sie auch keine für den Einzelstand. Es ist das eigentlich absolut selbstverständlich, ich will der Frage aber doch eine kurze Betrachtung widmen. Denken wir uns eine Betriebsklasse mit normaler Altersklassenfolge und normalen Beständen von gleicher Holzart und gleicher Wuchsklasse (Bonität). Berechnen wir hier für jeden einzelnen Bestand die rentabelste Umtriebszeit, so ergiebt sich aus den Betrachtungen des vorigen Abschnittes, daß wir für jeden Bestand genau denselben Weg betreten, daß wir genau dieselbe Formel benutzen und auch genau dieselben Werthe in dieselbe einsetzen dürfen und müssen und daß wir deshalb auch genau zu demselben Resultate kommen müssen. Wenn sich aber für jeden einzelnen Bestand, also gleichmäßig für den 1=, 2=, 3=, 20=, 25 jährigen u. f. w. etwa der Abtrieb im a jährigen Alter als der rentabelste herausstellt, so ist es selbstverständlich, daß eben auch für die ganze Betriebsklasse die rentabelste Umtriebszeit die a jährige ist. Haben wir dieselbe ein= geführt, dann tritt alljährig ein Bestand in das a jährige Alter ein, dieser wird jedesmal geschlagen; jeder Bestand kommt somit im a jährigen d. h. im rentabelsten Alter zum Abtriebe, jeder Einzelstand leistet das beste, die ganze Wirthschaft muß also die rationellste sein. Wenn für 60 gleichgroße und gleichgute landwirthschaftlich genutzte 60 ver= schiedenen Besitzern gehörige Parzellen in einem bestimmten Jahre der Roggenbau die rationellste Wirthschaft verbirgt, so ist es eben selbst= verständlich, daß daran auch dann nichts geändert wird, wenn die 60 Parzellen zu einem Besitzthum vereinigt werden.

So normale und gleichartige Verhältnisse, wie wir sie hier an= nehmen, werden nun bei größeren forstlichen Wirthschaftsobjekten kaum jemals vorliegen. Abgesehen von der Holzart werden sich vor allem immer mehr oder weniger erhebliche Verschiedenheiten in der Bodengüte und damit in den Wuchsklassen der Bestände vorfinden. Für verschiedene Wuchsklassen berechnet sich aber ebenso wie für verschiedene Holzarten auch das finanzielle Abtriebsalter in der Regel verschieden. Weitere Verschiedenheiten liegen in der Bestands=

beschaffenheit bei sonst gleicher Bonität, wie sie durch Lückigkeit, Krankheit und Aestigkeit hervorgerufen werden; und auch diese Verschiedenheiten bedingen ein verschiedenes finanzielles Abtriebsalter für die betreffenden Bestände. Das mittlere Abtriebsalter, das ist die durchschnittliche Umtriebszeit für den ganzen Waldkomplex ergiebt sich hier nach der Formel:

$$U = \frac{f_1 \cdot u_1 + f_2 \cdot u_2 + f_3 \cdot u_3 + \ldots}{f_1 + f_2 + f_3 + \ldots},$$

wobei $f_1$, $f_2$, $f_3$ u. s. w. die Flächensummen für diejenigen Bestände bilden, denen das Abtriebsalter $u_1$, $u_2$, $u_3$ u. s. w. zukommt.

In der Praxis reicht es aus, wenn man nur starke Verschiedenheiten in der Umtriebszeit, wie solche besonders durch die Verschiedenheit der Holzart, weiterhin durch die des Bodens (Bruchboden, Höhenboden u. s. w.) unter Umständen der Bonität hervorgerufen werden, berücksichtigt und die Bestände mit annähernd gleichem finanziellen Abtriebsalter zu einigen wenigen Betriebsklassen mit je einer mittleren Umtriebszeit zusammenfaßt. Diese mittlere Umtriebszeit für jede Betriebsklasse berechnet sich alsdann als diejenige, bei welcher für einen normalen Zukunftsbestand der Bodenerwartungswerth kulminirt. Als die hiebsnothwendigsten Bestände sind darnach weiterhin an der Hand der Formel (V.) diejenigen zu ermitteln, bei denen das Weiserprozent $w$ am kleinsten ist.

## Die Wirthschaft nach dem höchsten Waldreinertrage.

### § 8.

Nachdem wir gesehen haben, wie der Bodenreinerträgler rechnet, nach welchen Grundsätzen er die Waldwirthschaft einrichten will, wollen wir jetzt auch den Waldreinerträgler, den Gegner des ersteren kennen lernen. Dabei wollen wir den umgekehrten Weg einschlagen, wir wollen mit dem nachhaltigen Betriebe beginnen.

Der Waldreinerträgler sagt: Mein Ideal ist dann verwirklicht, wenn der jährliche Reinertrag des fertigen Waldes ein Maximum ist. Um das durch eine Formel ausdrücken zu können, wollen wir eine normale Betriebsklasse zu Grunde legen von der Flächengröße $f$ und mit der Umtriebszeit $u$. In einer solchen kommt alljährlich $\frac{1}{u}$ der Gesammtwaldfläche, also $\frac{f}{u}$ ha zum Abtriebe,

$\frac{f}{u}$ ha wird kultivirt, je ein gleich großer Bestand im $a$-, $b$- .... $p$-, $q$jährigen Alter wird durchforstet. Bezeichnen wir nun pro 1,0 ha: die jährlichen Verwaltungskosten mit $v$, den Kulturkostenbetrag mit $c$, den Abtriebsertrag mit $A_u$, die Durchforstungserträge im Alter $a$, $b$ .... $p$, $q$ mit $D_a$, $D_b$ .... $D_p$ und $D_q$, dann wird der jährliche Reinertrag der Betriebsklasse ausgedrückt durch die Formel:

$$(A_u + D_a + D_b + \ldots + D_p + D_q - c - u \cdot v) \cdot \frac{f}{u}$$

oder der Reinertrag pro 1,0 ha durch:

$$\frac{A_u + D_a + D_b + \ldots + D_p + D_q - c - u \cdot v}{u}.$$

Diejenige Umtriebszeit nun, bei welcher der vorstehende Ausdruck ein Maximum giebt, das ist die von dem Waldreinerträgler geforderte. Hat letzterer z. B. eine Betriebsklasse mit 80jährigem Umtriebe, die einen jährlichen Reinertrag von 2000 Mk. abwirft, und er will nun untersuchen, ob nicht ein anderer Umtrieb vortheilhafter ist, dann probirt er es zunächst etwa mit dem 90jährigen, indem er die Erträge, welche bei letzterem zu erwarten sind, in die Formel einsetzt. Ergiebt sich dabei ein höherer Ertrag wie bisher, dann zieht er den 90jährigen Umtrieb dem 80jährigen vor, und diejenige Umtriebszeit, bei welcher der höchste Ertrag herauskommt, die legt er für die Zukunft seiner Wirthschaft zu Grunde.

In obigem Ausdruck für den Waldreinertrag wächst $A_u$ mit steigender Umtriebszeit so lange, als noch eine Werthsmehrung des Abtriebsertrages pro 1,0 ha durch Massen- und Werthszuwachs stattfindet. Ein ferneres Steigen des Ausdrucks kann dadurch veranlaßt werden, daß bei höherer Umtriebszeit noch weitere Durchforstungen hinzutreten. Diesen beiden Momenten, welche auf eine höhere Umtriebszeit hindrängen, wirkt der Umstand entgegen, daß mit steigender Umtriebszeit auch der Nenner des Bruches wächst, daß dadurch also der Gesammtwerth desselben sinkt. Es rührt das, wie leicht einzusehen ist, daher, daß mit dem Wachsen der Umtriebszeit, bei gleich bleibender Gesammtfläche der Betriebsklasse, die von jeder Altersklasse eingenommene Fläche kleiner wird, daß also zwar der Abtriebsertrag pro ha steigt, daß aber dafür die jährliche Abtriebsfläche ebenso wie die Fläche jeder Durch= forstung fällt. Daraus folgt, daß die Umtriebszeit des größten Wald= reinertrags nicht zusammenfällt mit derjenigen des höchsten Abtriebs= ertrages pro ha, daß letztere vielmehr stets höher sein muß als erstere.

## Der Unterschied von Boden= und Waldreinertrag an Beispielen erläutert.

### § 9.

Ich will den Unterschied zwischen Bodenreinertrag und Wald= reinertrag an einigen Beispielen noch weiter klarlegen.

Wir wollen uns zunächst zwei Waldbesitzer, den Bodenrein= erträgler B und den Walderträgler W denken, die jeder eine 80 ha große normale Betriebsklasse mit 80jährigem Umtriebe und sonst in jeder Beziehung gleicher Beschaffenheit besitzen, und die einmal untersuchen wollen, ob die 80jährige Umtriebszeit ihrem Ideale entspricht. Es sei pro 1,0 ha:

der Abtriebsertrag im 100jährigen Alter, $A_{100} = 2660$ Mk.

$\qquad$ " $\qquad$ " $\qquad$ " 80 " $\qquad$ " $A_{80} = 1830$ "

von den Durchforstungserträgen $\qquad D_{40} = \phantom{0}40$ "

$\qquad D_{50} = \phantom{0}50$ "

$\qquad D_{60} = \phantom{0}60$ "

$\qquad D_{70} = \phantom{0}70$ "

$\qquad D_{80} = \phantom{0}80$ "

$\qquad D_{90} = \phantom{0}90$ "

der Kulturkostenbetrag $\qquad c = \phantom{0}50$ "

der jährliche Verwaltungskostenbetrag $\qquad v = \phantom{00}2$ "

Der Waldreinerträgler wird rechnen: Augenblicklich beim 80jährigen Umtriebe habe ich eine jährliche Einnahme von:

$1830 + 40 + 50 + 60 + 70 - 50 - 160 = 1840$ Mk. oder

pro 1,0 ha $\dfrac{1840}{80} = \mathbf{23\ Mk.}$; bei 100jährigem Umtriebe dagegen hätte ich pro 1,0 ha jährlich:

$$\frac{2660 + 40 + 50 + 60 + 70 + 80 + 90 - 50 - 200}{100} = 28 \text{ Mk.,}$$

er würde also, vorausgesetzt, daß sich für jede andere Umtriebszeit geringere Jahreseinnahmen berechnen, beschließen, zum 100jährigen Umtrieb überzugehen.

Der Bodenreinerträgler B untersucht mittelst der Faustmann'schen Formel (II.), für welche Umtriebszeit sich der höchste Bodenerwartungswerth ergiebt. Für den jetzigen 80jährigen Umtrieb erhält er, bei $p=3$, pro 1,0 ha den Bodenwerth:

$$eB_{80} =$$
$$\frac{1830 + 40 \cdot 1,03^{70} + 50 \cdot 1,03^{30} + 60 \cdot 1,03^{20} + 70 \cdot 1,03^{10} - 50 \cdot 1,03^{80}}{1,03^{80} - 1} - \frac{2}{0,03} =$$
$$= \frac{1752,3}{1,03^{80} - 1} - 67 = \text{rund } 108 \text{ Mk.}^{*})$$

Für die 100jährige Umtriebszeit erhält er pro 1,0 ha Boden den Werth:

$$eB_{100} =$$
$$\frac{2660 + 40 \cdot 1,03^{60} + 50 \cdot 1,03^{50} + 60 \cdot 1,03^{40} + 70 \cdot 1,03^{30} +}{1,03^{100} - 1}$$
$$\frac{+ 80 \cdot 1,03^{20} + 90 \cdot 1,03^{10} - 50 \cdot 1,03^{100}}{1,03^{100} - 1} - \frac{2}{00,3} = \frac{2784,7}{1,03^{100} - 1} - 67 = 73 \text{ Mk.}$$

Der Bodenreinerträgler würde also, wieder unter der Voraussetzung, daß auch für andere Umtriebszeiten sich geringere Bodenwerthe als für die 80jährige berechnen, bei letzterer bleiben.

Um nun die beiden Betriebe besser mit einander vergleichen zu können, wollen wir weiterhin annehmen, der Waldreinerträgler W beabsichtige nicht allmählich dadurch den 100jährigen Umtrieb einzuführen, daß er von jetzt ab nur noch jährlich $^1/_{100}$ der Fläche, also statt 1,0 ha nur 0,8 ha einschlägt, sondern er beschlösse, sofort plötzlich zum 100jährigen Umtrieb überzugehen, also den nächsten Abtriebsschlag erst nach Verlauf von 20 Jahren zu führen. Um alsdann aber keine Lücken im Altersklassenverhältniß zu haben, wollen wir annehmen, der Besitzer W erwürbe von jetzt ab 20 Jahre hindurch alljährlich im Anschluß an seinen Wald ein 1,0 ha großes Grundstück, das er sofort aufforstet. Nach 20 Jahren ist er alsdann im Besitze einer vollständigen normalen Betriebsklasse von 100 ha

---

*) Die Rechnungen sind nach den Tabellen im Behm-Judeichen Forstkalender unter Abrundung auf 2 Dezimalen durchgeführt.

Größe, die genau seinem Ideale entspricht. Der jährliche Reinertrag dieses Waldes beträgt von jetzt ab 2800 Mk. W hat also nunmehr pro 1,0 ha Wald einen jährlichen Reinertrag von $\frac{2800}{100} = 28$, B nach wie vor einen solchen von $\frac{1840}{80} = 23$ Mk.

Wir wollen nun untersuchen, wer besser gefahren ist.

Den Kaufpreis der Grundstücke, welche W alljährlich zu 1,0 ha Größe erwirbt, müssen wir mit 108 Mk. pro Hektar in Rechnung setzen, denn das ist ja der Betrag, welchen nach der Faustmann'schen Formel bei rationeller Wirthschaft die Holzzucht zu 3 % verzinst, und für die Blöße lassen ja auch die meisten Waldreinerträgler die Faustmann'sche Formel gelten. W hat also für die ersten 10 Jahre des Uebergangs eine jährliche Einnahme von:

$$40 + 50 + 60 + 70 + 80 = 300 \text{ Mk.}$$

und eine Ausgabe von:

$$108 + 50 + 160 = 318 \text{ Mk.*}),$$

gehabt, er hat mithin jährlich 18 Mk. zuzahlen müssen.

Im zweiten Decennium, in welchem alljährlich eine Durchforstung eines 90jährigen Bestandes hinzugekommen ist, belief sich sein Ueberschuß auf: $90 - 18 = 72$ Mk.

B hat nach wie vor alljährlich 1840 Mk. eingenommen, also im Vergleich zu W im ersten Decennium 1858 Mk., im zweiten Decennium 1768 Mk. mehr. Hätte B diese Mehreinnahmen alljährlich auf die Sparkasse getragen, so würden dieselben mit Zinsen und Zinseszinsen jetzt nach 20 Jahren angewachsen sein auf:

$$1858 \cdot \frac{1{,}03^{10} - 1}{0{,}03} \cdot 1{,}03^{10} + 1768 \cdot \frac{1{,}03^{10} - 1}{0{,}03} = \frac{1{,}03^{10} - 1}{0{,}03} \cdot (1858 \cdot 1{,}03^{10} + 1768)$$

$$= \text{rund } 48\,800 \text{ Mk.}$$

Diese 48 800 Mk. repräsentiren das Kapital, das W gleichsam in seine Wirthschaft hineingesteckt hat. Der jährliche Zinsertrag dieses Kapitals beträgt 1464 Mk., die Mehreinnahme aus dem Walde in Folge der Vergrößerung des Anlagekapitals beträgt nur 960 Mk. B hat also von seinem in der Sparkasse angelegten Kapital alljährlich einen um 504 Mk. höheren Ertrag als W, der

---

*) Die Verwaltungskosten für die hinzutretenden 20 ha lasse ich der Einfachheit halber unberücksichtigt.

dasselbe Kapital im Walde angelegt hat; oder anders ausgedrückt: B erhält von den 48 800 Mk., die er zurückgelegt hat, jährlich 3 % Zinsen, während W nur $\frac{96\,000}{48\,800} =$ knapp 2 % erhält.

Für diejenigen, welche geneigt sind, das für den Bodenrein= ertrag so günstige Resultat darauf zurückzuführen, daß der Kaufpreis von 108 Mk. zu hoch gegriffen sei, wollen wir einmal annehmen, W erhielte die 20 ha Waldboden, welche er seiner Betriebsklasse hinzufügt, von einem guten Freunde geschenkt; wir wollen weiter annehmen, daß der gute Freund auch noch auf seine Kosten die Aufforstung besorgt. Für diesen Fall beträgt die jährliche Einnahme des W im ersten Decennium: $40 + 50 + 60 + 70 + 80 - 160$ $= 140$ Mk., im zweiten Decennium 230 Mk., die Mehreinnahme des B also entsprechend: 1700 und 1610 Mk. Diese letzteren Beträge auf Zinseszinsen ausgeliehen, sind am Schlusse des zweiten Decenniums angewachsen auf: $\frac{1{,}03^{10} - 1}{0{,}03} \cdot (1700 \cdot 1{,}03^{10} + 1610)$ $=$ rund 44 600 Mk. Dieses Kapital bringt dem B alljährlich 1338 Mk. Zinsen, also immer noch 378 Mk. mehr, als die Mehr= einnahme des W aus seinem Walde beträgt.

## § 10.

Wir wollen dasselbe Beispiel auf den Fall übertragen, daß der Holzvorrath der Betriebsklasse erst erzogen werden soll, daß also noch keinerlei Bestand vorhanden ist. Wir wollen annehmen, B und W, bezw. deren Erben, die den angefangenen Betrieb ihrer Vorfahren fortsetzen, erhielten jeder alljährlich 100 Jahre lang 1 ha Blöße von gleicher Güte geschenkt, die beide alljährlich in gleicher Weise aufforsten. Die Kosten sowie die zu erwartenden Er= träge seien genau dieselben wie im vorigen Beispiel. Alsdann wird B, der Bodenreinerträgler, von vornherein beschließen, im 80 jährigen Umtriebe zu wirthschaften, W, der Waldreinerträgler, dagegen im 100 jährigen.

Nach Verlauf von 80 Jahren nun wird B, bezw. dessen Erbe sagen: „Meine Betriebsklasse ist jetzt vollständig, ich habe alle Altersstufen, vom 1 jährigen bis zum 80 jährigen Alter, ich fange jetzt an, alljährlich den ältesten Bestand abzutreiben." Von jetzt ab beträgt seine Jahreseinnahme: $1830 + 40 + 50 + 60 + 70 - 50 - 160 = 1840$ Mk. Wir wollen der Einfachheit halber sogar annehmen, daß er auf die weitere Schenkung von 20 ha Blöße verzichtet.

W wartet noch 20 Jahre und hat alsdann, also nach im Ganzen 100 Jahren, alljährlich 2800 Mk. Einnahme.

Das Anlagekapital, welches jeder in seine Wirthschaft hineingesteckt hat, ergiebt sich nun wie folgt: B hat alljährlich 80 Jahre lang 50 Mk. Kulturkosten und ein Verwaltungskostenkapital von 67 Mk. aufgewendet. Vom 40. Jahre ab ist ihm alljährlich ein Durchforstungsertrag von 40 Mk., vom 50. Jahre ab ein solcher von 50 Mk., vom 60. Jahre ab von 60 Mk. und vom 70. Jahre ab von 70 Mk. zugeflossen. Das Anlagekapital beträgt mithin:

$$K_b =$$
$$(50 + 67) \cdot \frac{1,03^{80} - 1}{0,03} - 40 \cdot \frac{1,03^{40} - 1}{0,03} - 50 \cdot \frac{1,03^{30} - 1}{0,03} - 60 \cdot \frac{1,03^{20} - 1}{0,03}$$
$$- 70 \cdot \frac{1,03^{10} - 1}{0,03} - 80 \cdot 67^*) = 24\,430 \text{ Mk.}$$

Das Anlagekapital von W berechnet sich entsprechend auf:

$$K_w =$$
$$(50 + 67) \cdot \frac{1,03^{100} - 1}{0,03} - 40 \cdot \frac{1,03^{60} - 1}{0,03} - 50 \cdot \frac{1,03^{50} - 1}{0,03} - 60 \cdot \frac{1,03^{40} - 1}{0,03}$$
$$- 70 \cdot \frac{1,03^{30} - 1}{0,03} - 80 \cdot \frac{1,03^{20} - 1}{0,03} - 90 \cdot \frac{1,03^{10} - 1}{0,03} - 100 \cdot 67^*) =$$
$$\text{rund } 41\,145 \text{ Mk.}$$

Die Jahreseinnahme von 1840 Mk. des B verzinst sein Anlagekapital von 24 430 Mk. somit zu $\frac{184\,000}{24\,430} = 7,5\,\%$, das Anlagekapital von W verzinst sich entsprechend mit $\frac{280\,000}{41\,145} =$ $=$ ca. $7\,\%$.

Man könnte nun auf den ersten Blick glauben, daß bei der annähernd gleich hohen Verzinsung der Anlagekapitalien auch beide Wirthschaften annähernd gleich rentabel seien. Das wäre gerade so

---

*) Das Verwaltungskostenkapital wird wieder frei, da ja die nunmehrigen jährlichen Verwaltungskosten schon bei Berechnung der nunmehrigen jährlichen Reinerträge berücksichtigt sind.

gut, als wollte man behaupten, ein Beamter, welcher erst mit dem vierzigsten Lebensjahre Gehalt bezieht, dann aber alljährlich 2800 Mk., stände sich ebenso gut als ein anderer, der schon vom zwanzigsten Lebensjahre ab jährlich 1840 Mk. erhält. Bringt der letztere sein Geld in die Sparkasse, dann hat er, wenn er 40 Jahre alt geworden ist, 1. sein Gehalt von 1840 Mk. und 2. in der Sparkasse

ein Kapital von $1840 \cdot \dfrac{1{,}03^{20} - 1}{0{,}03} = 49\,441$ Mk., das ihm jährlich

1483 Mk. Zinsen abwirft; seine Gesammteinnahme von 3323 Mk. ist also um 523 Mk. jährlich höher als die des anderen Beamten.

Ebenso verhält es sich mit unseren beiden Waldbesitzern. Wir wollen annehmen, beide, B und W, hätten von Anfang an alle Ausgaben aus einer Kasse entnommen und auch alle Einnahmen, die ihnen vom vierzigsten Jahre des Unternehmens ab aus den Durchforstungen zufließen, in dieselbe Kasse eingelegt. Dann ist nach 80 Jahren jeder von ihnen der Kasse 24 430 Mk. schuldig. Von jetzt ab nimmt B nichts mehr heraus, sondern er zahlt alljährlich 1840 Mk. ab, im 100. Jahre beträgt daher seine Schuld:

$$24\,430 \cdot 1{,}03^{20} - 1840 \cdot \frac{1{,}03^{20} - 1}{0{,}03} = 43974 - 49441 = -5467\,\text{Mk.}$$

B hat also jetzt ein Guthaben von 5467 Mk., das ihm alljährlich 164 Mk. Zinsen einbringt, seine Gesammteinnahme beträgt also alljährlich: $1840 + 164 = 2004$ Mk. Diese Einnahme stellt einen reinen Unternehmergewinn dar, denn das Anlagekapital hat er ja vollständig zurückgezahlt.

Die Schuld des W beträgt im 100. Jahre bei der Kasse, wie wir eben sahen, noch 41 145 Mk., welchen Betrag er alljährlich mit 1234 Mk. verzinsen muß; seine jährliche Einnahme beträgt deshalb nur: $2800 - 1234 = 1566$ Mk., das sind 438 Mk. weniger als die des B. Der Schlauere also war B, obgleich wir annahmen, daß er auf den fünften Theil der werthvollen Schenkung verzichtet hat.

Daß auch für W noch ein hoher Reingewinn übrig bleibt, rührt daher, daß wir den Boden mit 0 in Rechnung gestellt haben, während derselbe ja — wie wir beim vorigen Beispiele sahen —

bei 100jähriger Umtriebszeit einen Werth von 73 Mk., bei 80jähriger sogar einen solchen von 108 Mk. hat.

Nehmen wir an, beide, B und W, hätten den Boden mit 73 Mk. pro ha bezahlen müssen, dann wäre das Anlagekapital im hundertsten Jahre der Wirthschaft zu erhöhen um den Betrag von:

$$73 \cdot \frac{1{,}03^{100} - 1}{0{,}03} = 44\,333 \text{ Mk.,}$$

B hätte also darin stecken: $44\,332 - 5467 = 38\,865$ Mk.*), W: $44\,332 + 41\,145 = 85\,477$ Mk.

Das Anlagekapital von B wird für diesen Fall noch verzinst zu $\frac{184\,000}{38\,865} = 4{,}7\,\%$, das von W nur noch zu $\frac{280\,000}{85\,477} = 3{,}3\,\%$. Hätten wir genau gerechnet, also nicht auf 2 Dezimalen abgekürzt, wie es geschehen ist, dann müßte für W eine Verzinsung von genau $3\,\%$ herauskommen, denn wir haben ja den Bodenwerth eingesetzt, den unter Zugrundelegung von $3\,\%$ Zinsen bei W's Wirthschaftsweise (100jähriger Umtrieb) der Boden thatsächlich hat.

Nehmen wir an, der Boden hätte mit 108 Mk. pro 1,0 ha — dem Maximum des Bodenerwartungswerthes — bezahlt werden müssen, dann wäre das Anlagekapital zu erhöhen um $108 \cdot \frac{1{,}03^{100} - 1}{0{,}03} = 65\,587$ Mk. B hätte für diesen Fall in der Wirthschaft stecken: $65\,587 - 5467 = 60\,120$ Mark*), W dagegen: $65\,587 + 41\,145 = 106\,732$ Mk. Das Anlagekapital verzinst sich in diesem Falle bei B zu $\frac{184\,000}{60\,120} = 3{,}06\,\%$, bei W nur noch zu $\frac{280\,000}{106\,732} = 2{,}6\,\%$.

Bei diesem Beispiel könnte vielleicht eingewendet werden, die Rechnung habe keinen Werth, weil die Annahme, ein Anlagekapital sei im Laufe von 100 Jahren mit Zinseszinsen angewachsen, doch zu absonderlich sei und nirgends sonst in der Welt verwirklicht werde; mit solchen unnatürlichen Unterstellungen könne man allerdings herausrechnen, was man wolle.

Für diesen Fall brauchen wir uns nur in das achtzigste Jahr des Unternehmens zu versetzten. In diesem Zeitpunkte ist das

---

*) Der Einfachheit halber habe ich angenommen, daß B statt 80 ha — gleich W — 100 ha ankauft. Bei genauer Rechnung würde das Resultat noch etwas mehr zu Gunsten von B ausfallen.

Anlagekapital für B und W sicherlich gleich groß, ganz gleichgültig, ob mit einfachen Zinsen, mit Zinseszinsen oder ohne alle Verzinsung gerechnet wird. Es möge in diesem Zeitpunkt für jeden den Betrag M erlangt haben. Wenn sich die Erben von B und W jetzt die Frage vorlegen, wie sie am rationellsten wirthschaften sollen, ob sie den ältesten Bestand schon abtreiben, oder ob sie mit den End= hieben noch eine Reihe von Jahren warten sollen, dann gleichen sie vollständig dem B und W in unserem ersten Beispiele. Das Kapital, das ihre Vorfahren ausgegeben haben, kommt gar nicht mehr in Frage; ob es hoch, ob es gleich Null, ob es negativ ist, bleibt ganz außer Betracht. B sagt sich nur: Nach den heutigen Holzpreisen verzinst sich das Kapital, welches das 80jährige Holz repräsentirt, im Walde durch Zuwachs nur mit knapp 2%, in der Sparkasse mit 3%, also verfahre ich rationeller, wenn ich den Be= stand herunterschlage. W sagt: Nach den heutigen Preis= verhältnissen kann ich die jährliche Einnahme meines Waldes von 1840 Mk. auf 2800 Mk. erhöhen, wenn ich mich 20 Jahre hindurch mit einer ganz geringen Einnahme begnüge. Er läßt es aber voll= ständig unberücksichtigt, daß er, ehe ihm die Mehreinnahme von 960 Mk. alljährlich zufließt, erst ein Kapital von $41\,145 + 5467 = 46\,612$ Mk. in seine Wirthschaft hineinstecken muß.

Die Annahme, daß die Holzpreise sich so gestalten, wie sie voraussetzten, machen beide. Beide nehmen an, daß der Preis= unterschied zwischen 80= und 100jährigem Holze derselbe bleibt. So lange sich darin nichts ändert, steckt B thatsächlich die 3% ein, während W für diese Zeit thatsächlich nur 2% erhält. B also rechnet genau so gut wie W mit der heutigen Geschäftslage. Beide richten ihren Betrieb nach den gegenwärtigen Chancen ein, nur denkt B dabei auch an die Verzinsung seiner in dem Unternehmen steckenden Gelder, während W das ganz gleichgültig ist. Letzterem kommt es nur auf eine Erhöhung des Betriebsüberschusses an; mit welchen Kosten diese Vermehrung des Ueberschusses erkauft werden muß, darum kümmert er sich nicht.

Wir sehen also, der Waldreinerträgler fragt nicht, welche Kapitalien sind erforderlich, um den Holzvorrath einer Betriebsklasse heranzuziehen, oder den Holzvorrath der einen in den einer anderen überzuführen, er fragt nicht, wie hoch verzinsen sich diese Kapitalien durch den jährlichen Reinertrag des Waldes, ihm kommt es nur darauf an, daß, wenn der Wald fertig ist, der jährliche Ertrag möglichst hoch ist. Uebertragen wir das auf andere Gewerbe, dann würde z. B. ein Landwirth, der 20 Jahre hindurch alljährlich einen Betrag für Melioration seiner Felder ausgiebt, nicht darauf sehen, welche Kosten ihm die Melioration verursacht, es würde ihm nur darauf ankommen, daß nach beendigter Melioration der Ertrag der Felder ein möglichst hoher ist. Ob der nunmehrige jährliche Mehrertrag das aufgewendete Kapital zu 4 % oder 1 % verzinst, das würde ihm gleichgültig sein. Den Fabrikbesitzer möchte ich sehen, der seine Anlagen erweitert, ohne sich vorher zu berechnen, wie hoch sich das dazu nöthige Kapital durch die zu erwartende Erhöhung des Reinertrags verzinst.

## § 11.

Ich will noch ein weiteres Beispiel aus anderem Gebiete anfügen.

B und W sind im Besitz je einer 60 ha großen Wiese, die sie als Pferdekoppel in der Weise nutzbar machen wollen, daß sie einjährige Pferde kaufen, dieselben aufziehen und nach einigen Jahren wieder verkaufen. Die Koppel reiche für 60 Pferde aus. Jeder von ihnen errichtet nun die nöthigen Gebäude und rechnet sich aus, wie er am rentabelsten verfährt. Es betrage:

der Kaufpreis für ein einjähriges Pferd . . . . . . 200 Mk.
der Erlös für ein vierjähriges Pferd . . . . . . . 1000 „
 „ „ „ „ sechsjähriges „ . . . . . . . 1560 „
die jährlichen Kosten für Wartung und Winterfutter
   u. s. w. pro Pferd . . . . . . . . . . . 200 „

Wir wollen annehmen, daß die Futter- und Wartekosten zu Anfang jeden Jahres im Voraus zu verausgaben sind und weiterhin, daß jeder der beiden Unternehmer das Kapital, welches er in das Geschäft hineinstecken muß, ehe er Einnahmen hat, zu 5 % als Hypothek auf sein Grundstück geliehen erhält.

W, der dem Waldreinerträgler vergleichbar ist, probirt es zuerst mit der Voraussetzung, daß er die Pferde vierjährig verkauft. Er sagt sich: Wäre die ganze Zucht schon eingerichtet, hätte ich also am Schlusse jeden Jahres in der Koppel: 20 zweijährige, 20 dreijährige und 20 vierjährige Pferde, oder auf je 3 ha ein zweijähriges, ein dreijähriges und ein vierjähriges Pferd, dann hätte ich aus dieser Betriebsklasse von 3 ha Größe fortan eine jährliche Einnahme von 1000 Mk. (Verkauf des vierjährigen Pferdes), eine Ausgabe von 800 Mk. (Ankauf eines einjährigen Pferdes und Futter, sowie Wartung für drei Pferde), mithin für 3 ha Koppel einen jährlichen Ueberschuß von 200 Mk., für 1 ha einen solchen von 67 Mk.

Unter der Voraussetzung, daß er die Pferde sechsjährig werden läßt, daß also eine Betriebsklasse fünf Altersstufen umfaßt, mithin auch 5 ha Koppel in Anspruch nimmt, beläuft sich die Einnahme für 5 ha auf 1560 Mk., die Ausgabe auf 1200 Mk. (Ankauf eines einjährigen Pferdes, Futter und Wartung für fünf Pferde), der Ueberschuß demnach pro 5,0 ha auf 360 Mk. oder pro 1,0 ha auf 72 Mk. W beschließt also im fünfjährigen Umtriebe zu wirthschaften.

B, der Bodenreinerträgler, untersucht, bei welchem Umtriebe sich pro 1,0 ha Koppel der höchste Bodenerwartungswerth ergiebt. Er benutzt dazu die Faustmann'sche Formel, die voll geeignet ist. Dem Kulturkostenbetrage entspricht der Ankaufspreis für das einjährige Pferd, dem Abtriebsertrage der Erlös aus dem Verkauf des vier= bezw. sechsjährigen Pferdes. Zwischenerträge, den Durchforstungen vergleichbar, gehen nicht ein, an ihrer Stelle ist vielmehr für jede Altersstufe alljährlich eine Ausgabe von 200 Mk. für Wartung und Futter zu machen. Für den dreijährigen Umtrieb erhält er demnach pro 1,0 ha der Koppel den Bodenwerth:

$$_eB_3 = \frac{1000 - 400 \cdot 1{,}05^3 - 200 \cdot 1{,}05^2 - 200 \cdot 1{,}05}{1{,}05^3 - 1} = 672 \text{ Mk.}$$

Bei fünfjährigem Umtriebe berechnet sich der Bodenwerth pro 1,0 ha auf:

$$_eB_5 = \frac{1560 - 400 \cdot 1{,}05^5 - 200 \cdot 1{,}05^4 - 200 \cdot 1{,}05^3 - 200 \cdot 1{,}05^2 - 200 \cdot 1{,}05}{1{,}05^5 - 1} =$$

$$= 514 \text{ Mk.}$$

B beschließt also im dreijährigen Umtriebe zu wirthschaften.

Wir wollen untersuchen, wer rationeller verfahren ist.

B kauft zu Anfang jeden Jahres 20 einjährige Pferde.

Futter und Wartung bezahlt er weiter zu Anfang des ersten Jahres für 20, zu Anfang des zweiten Jahres für 40 und zu Anfang des dritten Jahres für 60 Pferde. Vom Anfang des vierten Jahres ab verkauft er alljährlich 20 vierjährige Pferde und kauft gleichzeitig dafür alljährlich 20 einjährige; für Futter und Wartung giebt er von da ab alljährlich $60 \cdot 200 = 12\,000$ Mk. aus. Seine fortlaufende Einnahme beträgt also vom Anfang des vierten Jahres ab jährlich 4000 Mk. Das in den Betrieb gesteckte Kapital, das ist die auf seinem Grundstück lastende Hypothek, beläuft sich demnach am Schlusse des fünften Jahres für ihn auf:

$$K_b = 8000 \cdot 1{,}05^5 + 12\,000 \cdot 1{,}05^4 + 16\,000 \cdot 1{,}05^3 -$$
$$- 4000 \cdot 1{,}05^2 - 4000 \cdot 1{,}05 = 34\,640 \text{ Mk.}$$

W kauft zu Anfang jeden Jahres 12 einjährige Pferde. Futter und Wartung bezahlt er zu Anfang des ersten bezw. zweiten, dritten, vierten, fünften Jahres für 12 bezw. 24, 36, 48, 60 Stück. Vom Anfang des sechsten Jahres ab kauft er alljährlich 12 einjährige Pferde, verkauft dafür alljährlich 12 sechsjährige und giebt für Futter u. s. w. von jetzt ab jährlich $60 \cdot 200 = 12\,000$ Mk. aus. Seine fortlaufende jährliche Einnahme beträgt daher vom Anfang des sechsten Jahres ab 4320 Mk. Sein Anlagekapital beläuft sich demnach auf:

$$Kw = 4800 \cdot 1{,}05^5 + 7200 \cdot 1{,}05^4 + 9600 \cdot 1{,}05^3 +$$
$$+ 12\,000 \cdot 1{,}05^2 + 14\,400 \cdot 1{,}05 = 55\,104 \text{ Mk.}$$

B hat also fortab eine Jahreseinnahme von 4000 Mk., eine Ausgabe an Zinsen von 1732 Mk., mithin einen jährlichen Ueberschuß von 2268 Mk. W nimmt entsprechend 4320 Mk. ein, giebt 2755 Mk. an Zinsen aus, hat also nur 1565 Mk. Ueberschuß, das sind 703 Mk. weniger als B.

Die Ueberschüsse von 2268 bezw. 1565 Mk. stellen die Zinsen für das in Anspruch genommene Boden- (einschließlich Gebäude-) Kapital dar. Der Ueberschuß des B verzinst bei 5 % den Boden zum Werthe von 672 Mk. pro ha, der des W dagegen nur zum Werthe von 514 Mk. B hätte demnach noch einen Gewinn erzielt, wenn er den Boden einschließlich Gebäude mit 600 Mk. pro ha bezahlt hätte, W würde in diesem Falle schon mit beträchtlichem Schaden arbeiten, er hätte bei seiner Wirthschaft den Boden um 86 Mk. pro ha zu hoch bezahlt.

Auch bei diesem Beispiele liegt der Fehler des W darin, daß er nicht untersucht hat, wie hoch der vermehrte Betriebsüberschuß die vergrößerte Kapitalsaufwendung verzinst. Er hat ca. 20000 Mk. mehr im Geschäft stecken als B und dafür erhält er nur eine vermehrte Jahreseinnahme von 320 Mk. Das entspricht einer Verzinsung von 1,6 %, während er seinem Gläubiger 5 % dafür zahlen muß.

Die bösen Zinseszinsen allein erklären auch hier den Mißerfolg von W nicht. Nimmt man an, der Gläubiger von B und W gäbe beiden das durch Ankauf und Aufzucht von Pferden in das Geschäft zu steckende Kapital für die ersten fünf Jahre ohne alle Anrechnung von Zinsen, dann beträgt nach Ablauf dieser fünf Jahre die Schuld von B, wie eine einfache Addition ergiebt, 28000 Mk., die von W 48000 Mk., also ebenfalls 20000 Mk. mehr als die des ersteren. Das Resultat ist also annähernd dasselbe, wie das oben unter Zugrundelegung von 5 % Zinseszinsen gefundene. Erst wenn jetzt der Gläubiger sich mit einer Verzinsung von 1,6 % zufrieden erklärte, dann wären beide gleichgut gefahren. Für diesen Fall hätte aber B bei Unterstellung des Verkaufes der vierjährigen Pferde, also des dreijährigen Umtriebes, für den Bodenwerth denselben Betrag herausgerechnet, als bei Unterstellung des fünfjährigen Umtriebes. Rechnet man eine noch geringere Verzinsung, dann wäre sogar die Wirthschaft des W vortheilhafter, dann hätte aber auch B mit seiner Formel für den fünfjährigen Umtrieb einen höheren Betrag für den Bodenwerth erhalten. Ganz natürlich: je mehr der für Leihkapitalien zu zahlende Zinsbetrag sinkt, desto eher ist schon eine geringe Vermehrung des Betriebsüberschusses irgend eines Unternehmens im Stande, das Kapital zu verzinsen, das aufgewendet werden mußte, um die Vermehrung des Betriebsüberschusses herbeizuführen. Setzt man die Verzinsung = Null, nimmt man also etwa an, unverzinsliches Leihkapital läge in unerschöpfbarer Menge irgend wo aufgethürmt, wovon jeder soviel wegholen könnte, wie er wollte, dann allerdings wäre es richtig, den Betriebsüberschuß zu steigern, so hoch nur irgend möglich, dann wäre der Landwirth noch zu loben, der durch Aufwenden von Millionen den jährlichen Ertrag seines Gutes auch nur um einen Thaler steigert. Das aber ist die Rechnungs= weise des Waldreinerträglers. Er sagt: Ich will den jährlichen Ertrag meines Waldes so hoch bringen, wie irgend möglich. Welches Kapital dazu gehört, wie hoch sich dasselbe verzinst, das ist mir gleichgültig.

## Uebergang vom Waldreinertrag zum Bodenreinertrag.

### § 12.

Ich will eine kurze Betrachtung vorausschicken. Es ist leicht ersichtlich, daß die Umtriebszeit des Bodenreinertrages immer niedriger sein muß als diejenige des Waldreinertrages. Mit steigender Um= triebszeit wächst nämlich das Anlagekapital — das ist hier dasjenige, welches zur Heranziehung des Holzvorrates der Betriebsklasse auf= gewendet werden muß — immer schneller, während die Steigerung der jährlichen Betriebsüberschüsse mit wachsender Umtriebszeit immer langsamer vor sich geht. Die Verzinsung des Anlagekapitals durch die jährlichen Betriebsüberschüsse wird also ihren Höhepunkt (Umtriebs= zeit des Bodenreinertrags) schon erreicht haben, während der jährliche Betriebsüberschuß noch zunimmt; die Kulmination des letzteren (Umtriebszeit des Waldreinertrages) muß also immer später eintreten.

Wenn wir nun bisher gesehen haben, wie unvortheilhaft es ist, vom Bodenreinertrag zum Waldreinertrag überzugehen, so bleibt jetzt noch die Frage offen: ist es umgekehrt rationell, vom Waldreinertrag zum Bodenreinertrag überzugehen; mit anderen Worten: ist es möglich, das Zuviel der Kapitalsanlage, das vielleicht seit langen Jahrzehnten die Rentabilität eines Waldes herabgedrückt hat, jetzt nachträglich wieder herauszunehmen.

Der Landwirth, der unrationelle Meliorationen vorgenommen hat, ist nicht in der Lage, das dabei aufgewendete Kapital wieder herauszuziehen; und wenn sich dasselbe auch nur zu einem Bruch= theile eines Prozentes verzinst, er muß es in der Anlage belassen. Einem Industriellen, dessen neu begründetes Fabrikunternehmen das in kostspieligen Bauanlagen und Maschinen niedergelegte Anlage= kapital nur gering verzinst, wird es häufig nicht möglich sein, das Kapital einem höheren Ertrage zuzuführen. Falls er die Baulichkeiten und Maschinen nicht zu einem anderen rentableren Unternehmen verwenden kann, wird er mit der geringen Verzinsung weiter arbeiten müssen. Denken wir dagegen an den Pferdezüchter W aus unserem obigen Beispiel, so sehen wir, daß derselbe in der Lage ist, seinen Fehler, sobald er ihn eingesehen hat, wieder gut zu machen. Den verlorenen Gewinn aus den verflossenen Jahren kann er allerdings nicht wieder einbringen; er kann aber die 20000 Mk., die er mehr im Geschäft stecken hat als B und die sich statt mit 5 % nur mit 1,6 % verzinsen, dadurch aus dem Geschäft herausnehmen, daß er die beiden ältesten Jahrgänge, die fünf= und sechsjährigen Pferde, am Schlusse des laufenden Jahres sammt den vierjährigen verkauft und in Zukunft dann wie B im dreijährigen Umtriebe wirthschaftet.

Ebenso im Walde. Nehmen wir an, unser Waldreinerträgler W aus dem obigen Beispiele hätte sich zum Bodenreinertrage bekehren lassen, so giebt es für ihn zwei Wege des Ueberganges, den plötzlichen und den allmählichen. Im ersteren Falle schlägt er sofort alles über 80jährige Holz ein und trägt das Geld auf die Sparkasse, woselbst er 3 % erhält, statt bisher im Walde nur 2%; im anderen Falle schlägt er in Zukunft statt alljährlich nur $\frac{1}{100}$, nunmehr $\frac{1}{80}$ der Fläche ein. Bei letzterem Verfahren ist der Uebergang erst im Laufe von 80 Jahren vollendet, und erst nach dieser Zeit hat der Besitzer das über= schüssige Kapital vollständig aus der Wirthschaft heraus; indessen die größten Beträge entnimmt er doch, wie leicht einzusehen ist, in den ersten Jahren. Das letztere Verfahren ist weniger rentabel als das erstere, es hat aber den Vorzug, daß das Altersklassenverhältniß normal bleibt, während dasselbe im anderen Falle eine starke Durch= brechung erleidet. Nach plötzlichem Einschlag alles über 80jährigen Holzes würden nämlich 79 Altersklassen je $\frac{1}{100}$ der Fläche umfassen, während eine allein $\frac{21}{100}$ derselben einnehmen würde. Für die Praxis wird es sich empfehlen, einen mittleren Weg zu wählen und also einen Uebergangszeitraum von etwa 20 Jahren festzusetzen.

### Waldreinertrag beim Einzelbestand (aussetzender Betrieb).

### § 13.

Die Waldreinertragsformel ist zunächst nur für eine vollständige Betriebsklasse anwendbar, sie bildet ja eben nur einen Maaßstab für

die Höhe der jährlichen Ueberschüsse einer fertig eingerichteten Wirth=
schaft. Es entsteht nun die Frage: was fängt der Waldreinerträgler
mit einem einzelnen Bestande an, welche Umtriebszeit wählt er beim
aussetzenden Betriebe.

Eine verständige Antwort ist auf diese Frage vom Standpunkte
des Waldreinertrages nicht zu geben. Um eine Verzinsung der von
dem Bestande in Anspruch genommenen Kapitalien kümmert sich der
Waldreinerträgler nicht, Zinsrechnung verwirft er ebenso gut wie
Zinseszinsrechnung. Welche Bedingung soll er also für Bemessung
der Umtriebszeit stellen? Folgerichtig kann er nur antworten: Ich
gebe dem Bestande dasselbe Abtriebsalter, das er erreichen würde,
wenn er einer vollen Betriebsklasse mit gleicher Holzart und gleichen
Ertragsverhältnissen angehörte. Ist in einer solchen die $u$jährige
Umtriebszeit diejenige des größten Waldreinertrages, dann treibe ich
auch meinen Einzelbestand im $u$jährigen Alter ab.

Wir wollen nun einmal untersuchen, wie sich die für die ganze
Betriebsklasse ausgesprochene Forderung des höchsten Waldreinertrags
für den einzelnen Bestand einer solchen Betriebsklasse gestaltet.

Es ist leicht zu ersehen, daß der jährliche Ueberschuß einer Be=
triebsklasse sich genau aus denselben Erträgen und Kosten zusammen=
setzt, die ein einzelner Bestand im Laufe seines ganzen Lebens, also
von der Begründung bis zum Abtriebe verursacht. Nehmen wir
eine Betriebsklasse von der Flächengröße $f$ und mit der Umtriebs=
zeit $u$ und bezeichnen wir die Erträge und Kosten pro 1,0 ha wie
gewöhnlich mit $A_u$, $D_a$, $D_b$ . . . . . $c$, $v$, dann beträgt der jähr=
liche Ueberschuß derselben:

$$\frac{f}{u} \cdot (A_u + D_a + D_b + \ldots D_q - c - u \cdot v) \quad \text{oder der Ueberschuß}$$

pro 1,0 ha der Betriebsfläche:

$$\frac{A_u + D_a + D_b + \ldots + D_p + D_q - c - uv}{u}.$$

Das aber sind die zusammengezählten, um die Kultur= und
Verwaltungskosten verminderten, innerhalb der Umtriebszeit ein=
gehenden Erträge eines 1,0 ha großen Einzelbestandes der Betriebs=
klasse, dividirt durch die Umtriebszeit; es ist also der jährliche
Durchschnittsertrag eines Bestandes von seiner Be=

gründung bis zum Abtriebe. Wir sehen also: die seitens des Waldreinertträglers für die ganze Betriebsklasse aufgestellte Forderung des höchstmöglichen jährlichen Betriebsüberschusses schließt für den einzelnen Bestand einer Betriebsklasse die Forderung des höchstmöglichen Durchschnittsertrages in sich. Es ist daher auch der Gebrauch ganz berechtigt, die Wirthschaft des höchsten Waldreinertrages als diejenige des höchsten Durchschnittsertrages zu bezeichnen.

Wem es bisher noch nicht klar geworden war, daß die Waldreinertragstheorie nicht nur die Zinseszinsrechnung, sondern auch jede einfache Zinsrechnung vollständig verwirft, dem wird jetzt der letzte Zweifel schwinden. Es wird einfach angenommen, die in langen Zwischenräumen eingehenden Erträge werden in einen Sack gesteckt und die Kostenbeträge werden daraus entnommen. Beim Abtriebe des Bestandes wird nachgesehen, wie viel im Sack ist, der Betrag wird durch das Abtriebsalter dividirt und je größer dieser Durchschnittsertrag ist, desto mehr freut sich der Wirthschafter. Es ist das gerade so gut, als wenn ein Schuldner, der sofort 50000 Mk. zu bezahlen hat, seinem Gläubiger anbietet: „Ich gebe Dir heute 10000 Mk., nach 5 Jahren wieder 10000 Mk. und den Rest von 30000 Mk. bekommst Du nach 30 Jahren."

Ich habe bei Besprechung der Bodenreinertragstheorie angeführt, daß eine Richtung innerhalb der Anhänger des Waldreinertrags besteht, die für den aussetzenden Betrieb die Forderung der Bodenreinertträgler gelten lassen, die also für diesen Fall vom Waldreinertrag ablassen will. Folgerichtig ist das nicht. Was für den einzelnen Bestand einer Betriebsklasse gilt, das muß auch gelten für einen einzelnen Bestand, der ganz für sich existirt, der also von allem Zusammenhange mit anderen Beständen losgelöst ist. Man denke sich 100 Personen, die je 1,0 ha Fichtenbestand besitzen, und zwar der eine einen 1jährigen, der andere einen 2jährigen u. s. w. bis 99= und 100jährigen. Die Bonität sei für alle Bestände dieselbe und alle Bestände seien normal. Diese 100 Personen kommen zu einem Waldreinertträgler und fragen ihn, wie alt jeder von ihnen seinen Bestand werden lassen soll. Der Gefragte antwortet: „Ja, wenn einer von Euch alle 100 Bestände besäße, dann müßte — sagt mir meine Formel — unbedingt jeder Bestand im 120jährigen Alter geschlagen werden, aber bei so vielen Besitzern muß jeder Bestand nach der Bodenreinertragsformel behandelt werden, da kommt etwas anderes heraus."

Die Inkonsequenz leuchtet ohne Weiteres ein und ist wohl auch nur eine Folge des Umstandes, daß beim Einzelbestand das Verfahren des Durchschnittsertrages sich gar zu deutlich als ein grobes kennzeichnet.

### Der Waldzinsfuß.

### § 14.

Nachdem wir gesehen haben, daß die Waldreinertragstheorie ein ganz anderes Ziel als das der höchsten Rentabilität erreicht, daß weiterhin der Waldreinerträgler nicht im Stande ist, die Frage zu beantworten: wie hoch rentiren sich die im forstlichen Betriebe steckenden Anlagekapitalien, wenden wir uns wieder zu der Faustmann'schen Formel, die allein auf die ausgesprochene Frage die richtige Antwort zu geben vermag. Ich habe bei Besprechung derselben im ersten Abschnitt auch den Einwand beleuchtet, daß, je nachdem man einen hohen oder niedrigen Zinsfuß wähle, sich mittelst dieser Formel für den Waldboden zu stark abweichende Werthe ergäben, daß also die Rechnung zu unsicher sei. Wir sahen, daß das keine Eigenthümlichkeit der Forstwirthschaft ist, daß vielmehr der Kapitalwerth auch aller anderen regelmäßig eingehenden Erträge mit der Erhöhung bezw. Erniedrigung des der Rechnung zu Grunde gelegten Zinsfußes in derselben Weise fällt bezw. steigt. Es bleibt nun nur noch die Frage zu beantworten: wie hoch sollen wir den Waldzinsfuß wählen, welche Verzinsung können wir von den zur Holzzucht hergegebenen Kapitalien fordern?

Die Frage des Waldzinsfußes ist viel umstritten und soll hier nicht in voller Ausführlichkeit behandelt werden; ich will nur eine kurze Betrachtung darüber anstellen.

Der gewöhnliche Leihzinsfuß ist sehr verschieden. Die Sparkasse giebt für Kapitalsanlagen ca. 3%; bei ersten Hypotheken auf Landgrundstücke werden $3^1/_2$—4, bei zweiten und dritten 4—5% und noch mehr gezahlt; noch höher verzinst werden die zu industriellen Unternehmungen geliehenen Kapitalien. Es ist leicht zu erkennen: je größer die Sicherheit, desto niedriger der Zinsfuß, je größer das Risiko, desto höher der Zinsuß. Außer dem Risiko sind es noch andere jedoch weit weniger wichtige Momente, die die Höhe des Zinsfußes beeinflussen: Schwierigkeiten der Kapitals=verwaltung, Schwierigkeiten und Unannehmlichkeiten beim Zinsbezuge u. a. m. Man spricht in Folge dessen im Gegensatz zu dem „no=minellen", dem wirklich gezahlten Zinsfuße, auch von einem „reinen Leihzinsfuß", der die ausschließliche Nutzungsvergütung für das Kapital darstellt, also aus dem „nominellen" durch Abzug der Vergütung für das mit der Kapitalsverleihung verbundene Risiko, für die Mühe der Kapitalsverwaltung u. s. w. entsteht.

Am angenehmsten und sichersten ist im Allgemeinen die Kapitalsanlage in der Sparkasse. Die Zinsen gehen pünktlich und regelmäßig ein resp. werden zum Kapital geschrieben, und Kapitals=verluste können kaum eintreten. Der Zinsfuß ist deshalb hier auch am niedrigsten. Am unsichersten dagegen ist die Beleihung von Fabriken und ähnlichen Objekten.

Wie der Leihzinsfuß mit dem Risiko u. s. w. fällt und steigt, so fällt und steigt auch der „wirthschaftliche Zinsfuß", das ist das Maaß für diejenige Vergütung, welche bei irgend einem Produktions=zweige (Landwirthschaft, Industrie u. s. w.) der Produzent für seine eigenen Anlagekapitalien fordert bezw. erhält. Wer ein Landgut kauft, wird sich der verhältnißmäßig hohen Sicherheit der Kapital=anlage wegen mit einer Verzinsung von $2^1/_2$—3% begnügen, wer eine Fabrik kauft, wird des oft hohen Risikos wegen weit höhere Prozente verlangen.

Es fragt sich, wie steht es in dieser Beziehung mit der Forst=wirthschaft. Was hier besonders in's Gewicht fallen könnte, sind die den Waldbeständen drohenden Gefahren durch Feuer, Insekten, Windwurf, Frost u. s. w. Alle diese Gefahren sind aber nur von untergeordneter Bedeutung. Totale Vernichtungen treten kaum ein. Die durch Feuer, durch Insekten zum Absterben gebrachten Bestände, die vom Winde geworfenen Stämme sind fast immer noch ver=werthbar, wenn auch allerdings mit zum Theil hohem Verluste. Auch die Häufigkeit und Ausdehnung aller dieser Beschädigungen ist,

wie statistisch nachgewiesen, verhältnißmäßig sehr gering. Der
Einzelne kann davon hart betroffen werden — weil es z. 3. leider
noch an entsprechender Versicherungsgelegenheit fehlt —, für die
Forstwirthschaft im Ganzen dagegen spielen die Gefahren, welche der forst=
lichen Produktion drohen, keine große Rolle. Allerdings sind die
Gefahrenklassen verschieden. In ausgedehnten zusammenhängenden
Nadelholzbeständen, besonders geringerer Bonität, sind Brand= und
Insektenschäden verhältnißmäßig häufig; in Wäldern mit wechsel=
vollen Bestandsbildern auf kräftigem Boden sind sie dagegen außer=
ordentlich selten. Im Ganzen stellt sich vom Standpunkte der
Sicherheit der Kapitalsanlage die Forstwirthschaft günstiger als
alle anderen Gewerbe, sie übertrifft in dieser Beziehung auch die
Landwirthschaft.

Außer der Sicherheit kommt noch die Annehmlichkeit der
Kapitalsanlage in Betracht. Mancher, der bisher in der Sparkasse
$3^{1}/_{2}\,\%$ für sein Kapital erhalten hat, wird es vielleicht vorziehen,
ein Landgut dafür zu kaufen, obgleich er sich dabei nur $2^{1}/_{2}—3\,\%$
herausrechnet, nur weil er die Annehmlichkeit des Grundbesitzes ge=
nießen will, oder weil er vielleicht dabei seine eigene Arbeitskraft am
besten verwenden kann. In dieser Beziehung stellt sich die Forst=
wirthschaft ebenfalls sehr günstig. Der Forstbesitz steht in Bezug auf
Annehmlichkeit gewiß oben an.

Ein weiteres Moment dafür, den Waldzinsfuß niedrig an=
zuschlagen, liegt darin, daß die Holzpreise und damit die Reinerträge
aus Forsten im Allgemeinen eine — wenn auch langsam —
steigende Tendenz haben. Die Waldwerthrechnung lehrt in dieser
Beziehung, daß man den Waldzinsfuß um den Prozentsatz erniedrigen
muß, um den die Holzpreise jährlich steigen. Diesem Umstande
allerdings könnte auch dadurch Rechnung getragen werden, daß die
in Zukunft zu erwartenden Erträge gegenüber den heutigen entsprechend
höher in die Rechnung eingesetzt werden.

Nach alledem dürfte ein Waldzinsfuß von $2^{1}/_{2}—3\,\%$ für die
meisten Fälle als angemessen zu erachten sein. Bei Privatwaldungen
wird ein etwas höherer zu wählen sein als bei Staatsforsten.

## Wirkliche Höhe der Boden= sowie Waldrente.

### § 15.

Es haben verschiedene Autoren für kleinere und größere Wald=
gebiete mittelst der Faustmann'schen Formel Berechnungen des Wald=
bodenwerthes vorgenommen und die Resultate veröffentlicht. Ich
will hier die Ergebnisse der von Professor Schwappach bezüglich der
Kiefer und Fichte ausgeführten Ermittelungen anführen, wie solche in
seinen Werken „Wachsthum und Ertrag normaler Kiefernbestände"[*]
und „Wachsthum und Ertrag normaler Fichtenbestände"[**] mitgetheilt
sind. Diesen Berechnungen liegen die Holzpreise zu Grunde, wie
sie sich bei der Kiefer in den vier Lehrrevieren bei Eberswalde, bei
der Fichte in einer Anzahl von Oberförstereien des Harzes und
Thüringens im Durchschnitt von drei Jahren ergeben haben.
Die Verwaltungskosten sind für Kiefer mit 5, für Fichte mit
7 Mk., die Kulturkosten entsprechend mit 75 und 70 Mk. eingesetzt
worden. Die Zahlen beziehen sich auf die Flächeneinheit von 1,0 ha.

Tabelle 1.

### 1. Kiefer.

#### a) bei 2 % Zinseszinsen:

| Bonität: | I | II | III | IV | V |
|---|---|---|---|---|---|
| $_eB_{80}$ | 1650 Mk. | 1203 Mk. | 767 Mk. | 471 Mk. | 142 Mk. |
| $_eB_{100}$ | 1424 „ | 1012 „ | 649 „ | 290 „ | 120 „ |
| $_eB_{120}$ | 1172 „ | 860 „ | 536 „ | 201 „ | — |
| $_eB_{140}$ | 929 „ | 681 „ | — | — | — |

#### b) bei 3 % Zinseszinsen:

| Bonität: | I | II | III | IV | V |
|---|---|---|---|---|---|
| $_eB_{80}$ | 608 Mk. | 416 Mk. | 230 Mk. | 97 Mk. | —47 Mk. |
| $_eB_{100}$ | 442 „ | 287 „ | 144 „ | 1 „ | —111 „ |
| $_eB_{120}$ | 304 „ | 194 „ | 78 „ | —46 „ | — |
| $_eB_{140}$ | 197 „ | 114 „ | — | — | — |

---

[*] Julius Springer, Berlin 1889.
[**] Julius Springer, Berlin 1890.

## 2. Fichte.

### a) bei 2 % Zinseszinsen:

| Bonität: | I | II | III | IV | V |
|---|---|---|---|---|---|
| $_eB_{40}$ | 4013 Mk. | 2011 Mk. | 906 Mk. | 195 Mk. | —157 Mk. |
| $_eB_{60}$ | 4675 „ | 2937 „ | 1450 „ | 692 „ | 166 „ |
| $_eB_{80}$ | 4153 „ | 2818 „ | 1672 „ | 905 „ | 321 „ |
| $_eB_{100}$ | 3510 „ | 2411 „ | 1489 „ | 766 „ | 318 „ |
| $_eB_{120}$ | 2844 „ | 1975 „ | 1274 „ | 693 „ | — |

### b) bei 3 % Zinseszinsen:

| Bonität: | I | II | III | IV | V |
|---|---|---|---|---|---|
| $_eB_{40}$ | 2069 Mk. | 997 Mk. | 406 Mk. | 26 Mk. | —163 Mk. |
| $_eB_{60}$ | 2104 „ | 1276 „ | 576 „ | 220 „ | —29 „ |
| $_eB_{80}$ | 1616 „ | 1044 „ | 562 „ | 241 „ | — 1 „ |
| $_eB_{100}$ | 1177 „ | 752 „ | 399 „ | 127 „ | —39 „ |
| $_eB_{120}$ | 835 „ | 514 „ | 259 „ | 78 „ | — |

Diese Zahlen besagen, daß unter Zugrundelegung von 3 % Zinseszinsen sich sowohl für Kiefer als auch für Fichte bei 80= bezw. 60jährigem Umtriebe für den Waldbodenwerth, zwei= bis dreimal so hohe Beträge ergeben, als bei dem gebräuchlichen 120jährigen Umtriebe, und daß auch bei 2 % Zinseszinsen noch eine starke zu Gunsten der niedrigeren Umtriebe sprechende Differenz vorhanden ist. Für die V. Bonität ergeben sich bei 3 % durchweg negative Werthe, d. h. die Waldwirthschaft liefert nicht nur keinen Ueberschuß mehr, sondern sie erfordert noch einen Zuschuß zu den Erträgen, wenn letztere die Kosten decken sollen; der Besitzer wirthschaftet also mit Unterbilanz. Dasselbe Resultat ergiebt sich bei 120jährigem Umtriebe für die in den nord= und nordostdeutschen Revieren sehr häufig vorkommende IV. Bonität für Kiefer. Der Bodenwerth beträgt in diesem Falle pro 1,0 ha: —46 Mk., während sich für den 80jährigen Umtrieb noch ein positiver Betrag von annähernd 100 Mk. herausrechnet.

Die Schwappach'schen Zahlen sind ermittelt worden unter Zugrundelegung normaler Erträge. Die normale Beschaffenheit der Bestände nimmt nun aber mit zunehmendem Alter derselben ab. Im Stangenholzalter findet man noch zahlreiche Bestände mit annähernd normaler Bestockung; je älter dieselben aber werden, desto mehr treten die Folgen von Windwurf, Trockniß, Pilz=, Insektenschäden u. s. w. hervor, im 120jährigen Alter ist wohl kaum noch ein Kiefernbestand zu finden, der die Massen= und Gelderträge der Ertragstafeln liefert. Das hat aber zur Folge, das die unter Zugrundelegung normaler Bestände berechneten Bodenwerthe, wenn sie auf reale, also im großen Betriebe vorkommende Verhältnisse bezogen werden sollten, bei Unterstellung hoher Umtriebe um ungleich mehr ermäßigt werden müssen, als bei Unterstellung niedriger Umtriebe, und daß also die zu Gunsten letzterer sprechende unter Einsetzung der Erträge **normaler** Bestände ermittelte Differenz der Bodenwerthe beider Wirthschaftsformen im **wirklichen großen Forstbetriebe** — wie das schon aus den Ausführungen am Schlusse des § 6 hervorgeht — sich noch mehr oder weniger erheblich steigert.

Wie stark die wirklichen Erträge der Forsten hinter den Angaben der Ertragstafeln zurückbleiben, will ich an einigen größeren Bezirken der preußischen Staatsforsten erläutern. Die nachstehende Tabelle enthält die theils dem Werke „von Hagen = Donner: Die forstlichen Verhältnisse Preußens"*) entnommenen, theils auf direkten Mittheilungen beruhenden Wirthschaftsergebnisse des Etatsjahres 1892/1893 1. für die 5 Fichtenreviere: Schleusingen, Hinternah, Erlau, Schmiedefeld, Suhl des Regierungsbezirks Erfurt, 2. für die gesammten, in der Hauptsache reine Kiefernbestände aufweisenden Staatsforsten des Regierungsbezirkes Stettin und 3. für die ebenfalls fast ausschließlich reine Kiefer enthaltenden Staatsforsten des Regierungsbezirkes Bromberg. Die unter 1 genannten Reviere haben wohl unbestritten den höchsten Reinertrag in Preußen, der Stettiner Bezirk steht noch weit über dem Durchschnitt, hinter dem Bromberg nur um eine Kleinigkeit zurückbleibt. In allen 3 Bezirken ist die 120jährige Umtriebszeit herrschend.

Die Erfurter Fichtenreviere werden im Durchschnitt mindestens die III. Bodenklasse aufweisen, der Boden des Stettiner und Bromberger Bezirks wird mit 0,5 III. und 0,5 IV. Klasse sicherlich

---

*) Julius Springer, Berlin 1895.

Tabelle 2.

| | Erfurt ha | Stettin ha | Bromberg ha |
|---|---|---|---|
| 1. Holzbodenfläche . . . . . . . . . . | 16 138 | 102 626 | 101 268 |
| 2. Demnach bei 120 jähr. Umtriebe jährliche Kulturfläche . . . . . . . . . . | 134 | 855 | 844 |
| 3. Jährliche Verwaltungskosten pro 1,0 ha (v) | Mf. 9 | Mf. 6 | Mf. 5 |
| 4. Demnach Verwaltungskostenkapital pro 1,0 ha bei 2½ % Zinsen . . . $\left(V = \dfrac{v}{0,025}\right)$ | 360 | 240 | 200 |
| 5. Verwaltungskostenkapital für jährliche Kulturfläche (2 . 4) . . . . . . . . . | 48 240 | 205 200 | 168 800 |
| 6. Jährlicher Kulturkostenbetrag, abzüglich der Wegebaukosten (c) . . . . . . . | 12 200 | 119 500 | 111 300 |
| 7. Kulturkostenbetrag pro 1,0 ha Kulturfl. $\left(\dfrac{6}{2}\right)$ | 91 | 140 | 132 |
| 8. Jährl. Reinertrag des gesammten Bezirks (R) | 768 000 | 2 552 000 | 1 071 400 |
| 9. Demnach Waldrentirungswerth $\left(\dfrac{R}{0,025}\right)$ | 30 072 000 | 102 080 000 | 42 856 000 |
| 10. Reinertrag pro 1,0 ha $\left(\dfrac{8}{1}\right)$ . . . . | 48 | 23 | 10 |
| 11. Erntekostenfreie Einnahme für Holz . . | 880 000 | 3 181 000 | 1 662 000 |
| 12. Dieser Betrag (11) zerlegt im Verhältniß d. Angaben d. Schwappach'schen Geldertrags= tafeln für die III. Bonität: | | | |
| a) Abtriebsertrag im 120 jähr. Alter $(A_{120})$ | 773 000 | 2 651 700 | 1 385 430 |
| b) Durchforstung im Alter von 30 Jahren $(D_{30})$ | — * | 23 000 | 11 900 |
| | | 7 567 000 | 3 915 100 |
| c) „ „ „ „ 40 „ $(D_{40})$ | 3 000 | 45 000 | 23 500 |
| | 744 000 | 11 160 000 | 5 828 000 |
| d) „ „ „ „ 50 „ $(D_{50})$ | 8 000 | 64 000 | 33 500 |
| | 1 480 000 | 11 840 000 | 6 197 500 |
| e) „ „ „ „ 60 „ $(D_{60})$ | 15 000 | 80 300 | 42 100 |
| | 2 040 000 | 10 920 800 | 5 725 600 |
| f) „ „ „ „ 70 „ $(D_{70})$ | 17 000 | 83 000 | 43 170 |
| | 1 649 000 | 8 051 000 | 4 187 490 |
| g) „ „ „ „ 80 „ $(D_{80})$ | 17 000 | 74 000 | 38 700 |
| | 1 139 000 | 4 958 000 | 2 592 900 |
| h) „ „ „ „ 90 „ $(D_{90})$ | 16 000 | 62 000 | 32 500 |
| | 704 000 | 2 728 000 | 1 430 000 |
| i) „ „ „ „ 100 „ $(D_{100})$ | 17 000 | 52 000 | 27 300 |
| | 442 000 | 1 367 600 | 709 800 |
| k) „ „ „ „ 110 „ $(D_{110})$ | 14 000 | 45 400 | 23 900 |
| | 154 000 | 499 400 | 262 900 |
| 13. Summe aller auf das 120 jähr. Alter pro= longirten Durchforstungserträge . . . . | 8 352 000 | 59 091 800 | 30 849 290 |

*) Die kleinen Zahlen geben die auf das Abtriebsalter prolongirten Beträge an.

nicht zu hoch eingeschätzt sein. Die Schwappach'schen Geldertrags=
tafeln geben nun, unter Zugrundelegung der 120jährigen Umtriebs=
zeit, den durchschnittlichen jährlichen Werthzuwachs pro 1,0 ha
des Bestandes an:

Für Fichte III. Bonität auf: 138 Mk., für Kiefer 0,5 III.,
0,5 IV. auf: $\dfrac{54+33}{2} =$ rund 44 Mk.

Aus diesen Zahlen erhält man den Waldreinertrag, also
den durchschnittlichen jährlichen Betriebsüberschuß ohne Weiteres
durch Abzug der jährlichen Verwaltungskosten (Tabelle 2, Nr. 3) sowie
der Kulturkosten pro 1,0 ha (Tab. 2, Nr. 7), letztere dividirt durch
die Umtriebszeit. Derselbe müßte demnach, wenn die Erträge den=
jenigen der Ertragstafeln gleichkämen, pro 1,0 ha Waldboden be=
tragen:

im Erfurter Bezirk: $138 - 9 - \dfrac{91}{120} =$ rund 128 Mk.

im Stettiner Bezirk: $44 - 6 - \dfrac{140}{120} =$ rund 37 Mk.

im Bromberger Bezirk: $44 - 5 - \dfrac{132}{120} =$ rund 38 Mk.

Vergleichen wir damit die Zahlen der Tabelle 2 unter Nr. 10,
so sehen wir, daß von den normalen Erträgen .der Ertragstafeln
Stettin nur knapp $^2/_3$ ergiebt, und daß Erfurt und Bromberg so=
gar wenig mehr als $^1/_3$ bezw. $^1/_4$ liefern.

Ich will jetzt einmal aus den Schwappach'schen Tafeln die Wald=
reinerträge für die III. Bonität von Fichte und Kiefer unter Ein=
setzung der normalen Erträge bei verschiedenen Umtriebszeiten und
unter Abzug der Kultur= und Verwaltungskosten in der Höhe, wie
sie in der Tabelle 2 für den Erfurter und Stettiner Bezirk angegeben
sind, berechnen. Es ergiebt sich ohne Weiteres pro 1,0 ha:

1. für Fichte:

| bei der Umtriebs=<br>zeit von: | ein Waldreinertrag von: |
|---|---|
| 60 Jahren | $72 - 9 - \dfrac{91}{60} =$ rund 61 Mk. |
| 80 Jahren | $102 - 9 - \dfrac{91}{80} =$ rund 92 Mk. |

<table>
<tr><td>bei der Umtriebs=<br>zeit von:</td><td>ein Waldreinertrag von:</td></tr>
</table>

$$100 \text{ Jahren} \qquad 120 - 9 - \frac{91}{100} = \text{rund } 110 \text{ Mk.}$$

$$120 \text{ Jahren} \qquad 138 - 9 - \frac{91}{120} = \text{rund } 128 \text{ Mk.}$$

### 2. für Kiefer:

<table>
<tr><td>bei der Umtriebs=<br>zeit von:</td><td>ein Waldreinertrag von:</td></tr>
</table>

$$60 \text{ Jahren} \qquad 47 - 6 - \frac{140}{60} = \text{rund } 39 \text{ Mk.}$$

$$80 \text{ Jahren} \qquad 49 - 6 - \frac{140}{80} = \text{rund } 41 \text{ Mk.}$$

$$100 \text{ Jahren} \qquad 52 - 6 - \frac{140}{100} = \text{rund } 45 \text{ Mk.}$$

$$120 \text{ Jahren} \qquad 54 - 6 - \frac{140}{120} = \text{rund } 47 \text{ Mk.}$$

Aus diesen Zahlen ist zu entnehmen, daß bei Kiefer der Wald=
reinertrag normaler Bestände mit der Erhöhung der Umtriebszeit
von 80 bezw. 100 auf 120 Jahre nur unbedeutend wächst, daß sich
dagegen bei der Fichte allerdings erhebliche Unterschiede zwischen
hohen und niederen Umtrieben zeigen. Wenn wir nun aber sahen,
daß die Wirklichkeit bei einer Wirthschaft mit hohen Umtrieben
hinter den Angaben der Normalertragstafeln ganz erheblich zurück=
bleibt, und wenn, wie ich darlegte, dieses Zurückbleiben bei niederen
Umtrieben ein weit geringeres sein muß, dann ist theoretisch der
Schluß gerechtfertigt, daß bei der Kiefer ein Herabgehen zu
niedrigeren Umtriebszeiten nicht nur eine Steigerung der
**Bodenrente**, sondern wahrscheinlich auch eine solche der
**Waldrente** (des Waldreinertrages, des jährlichen Betriebsüberschusses),
jedenfalls aber kein Sinken derselben zur Folge haben
würde und daß bei der Fichte kaum eine oder doch nur
eine unbeträchtliche Minderung des Waldreinertrages
damit verbunden sein würde.

Ich will jetzt den Versuch machen, aus den in obiger Tabelle
mitgetheilten Zahlen den durchschnittlichen Bodenwerth für die drei

in Frage stehenden Bezirke der Preußischen Staatsforsten zu er=
mitteln.

Ich will dabei $2^1/_2 \%$ Zinseszinsen zu Grunde legen und für
den Erfurter Bezirk die Rechnung speziell durchführen, für die
beiden anderen dagegen nur die Resultate angeben. Der Boden=
werth pro 1,0 ha sei mit B bezeichnet.

Um den Gang der Rechnung besser verständlich zu machen,
will ich annehmen, der Preußische Staat wolle an irgend Jemand
den alljährlich zum Abtriebe gelangenden Theil der Waldfläche
(Tab. 2, Nr. 2) mit der Verpflichtung verkaufen, diese Flächen aufzuforsten
und genau so zu bewirthschaften, wie sie bisher in Händen des
Forstfiskus bewirthschaftet worden sind. Unter dieser Voraussetzung
würde nach Verlauf von 120 Jahren das gesammte Areal der
5 Erfurter Fichtenreviere an den Käufer bezw. dessen Erben über=
gegangen sein.

Der Käufer wird zur Ermittelung des Bodenwerthes folgende
Ueberlegung anstellen: Ehe die Wirthschaft fertig eingerichtet ist, die
alsdann einen jährlichen Reinertrag von 768 000 Mk. (Tab. 2, Nr. 8)
abwirft, also einen Kapitalwerth von 30 072 000 Mk. (Tab. 2, Nr. 9) re=
präsentirt, muß ich (bezw. müssen meine Erben) 120 Jahre hindurch
alljährlich für Ankauf des Bodens 134 . B Mk., an Kulturkosten
12 200 Mk. (Tabelle 2, Nr. 6) und an Verwaltungskosten die Zinsen
für ein Kapital von 48 240 Mk. (Tabelle 2, Nr. 5) aufwenden. An
Einnahmen habe ich während dieser 120 Jahre — wenn ich die
Erträge aus Jagd= und Nebennutzungen mit den in den Kulturkosten
nicht enthaltenen Wegebaukosten kompensire — nur Vornutzungs=
erträge (Durchforstungen) der nach und nach heranwachsenden Be=
stände zu erwarten. Das Anlagekapital erhalte ich, wenn ich alle
auf den von jetzt ab 120 Jahre hinausliegenden Zeitpunkt prolongirten
Kosten summire und davon die ebenfalls auf jenen Zeitpunkt pro=
longirten Durchforstungserträge abziehe. Dieses Anlagekapital muß
gleich dem Rentirungswerth der nach 120 Jahren fertig eingerichteten
Wirthschaft (Tabelle 2, Nr. 9) sein, wenn ich den Boden nach dem
richtigen Werthe bezahlt habe.

Nach dieser Ueberlegung erhalten wir für B die Bestimmungs=
gleichung:

4*

$$(134\,B + 12\,200 + 48\,240) \cdot \frac{1{,}025^{120} - 1}{0{,}025} - 8\,352\,000 -$$

Tab. Nr.: 2      6      5             13

$$- 120 \cdot 48\,240^*) = 30\,072\,000$$

9

$$(134\,B + 12\,200 + 48\,240) \cdot 734 = 44\,212\,800 \text{ Mk.}$$
$$134\,B = -\,205 \text{ Mk.}$$
$$\mathbf{B = rund\ -\ 2\ Mk.}$$

Für Stettin lautet der Ansatz:
$$(855\,B + 119\,500 + 205\,200) \cdot 734 - 59\,091\,800 - 120 \cdot 205\,200 =$$
$$= 102\,080\,000,\ \text{daraus } \mathbf{B = rund\ -\ 84\ Mk.}$$

Für Bromberg ergiebt sich:
$$(844\,B + 111\,300 + 168\,800) \cdot 734 - 30\,849\,290 - 120 \cdot 168\,800 =$$
$$= 42\,856\,000\ \text{und daraus } \mathbf{B = rund\ -\ 180\ Mk.}$$

Setzt man den Bodenwerth $= 0$, dann beträgt das Anlage=
kapital bei Erfurt: 30 222 160 Mk., bei Stettin: 154 614 000 Mk.,
bei Bromberg: 154 488 110 Mk.; die Verzinsung durch die Rein=
erträge (Tab. 2, Nr. 8), demnach

$$\text{bei Erfurt: } \frac{76\,800\,000}{30\,222\,160} = 2{,}5\ \%,$$

$$\text{bei Stettin: } \frac{255\,200\,000}{154\,614\,000} = 1{,}7\ \%,$$

$$\text{bei Bromberg: } \frac{107\,140\,000}{154\,488\,110} = 0{,}7\ \%.$$

Dieses Resultat lehrt uns, daß im großen Durchschnitt die
preußische Staatsforstwirthschaft eine nicht unbedeutende Verlust=
wirthschaft ist und daß theoretisch der Staat weit rationeller ver=
fahren würde, wenn er zwar die vorhandenen Holzbestände all=
mählich nach und nach abnutzte, wenn er dagegen die Ergänzung
des Holzkapitals durch Kulturen einstellte und die durch die all=
jährlichen Abtriebe frei werdenden Waldflächen verschenkte. Wenn
er alsdann den bisher alljährlich verausgabten Kulturkostenbetrag
von ca. 3 Millionen Mark sowie denjenigen alljährlich wachsenden
Betrag, um welchen mit der Abnahme der Waldfläche die Ver=

---

*) Die Verwaltungskostenkapitalien werden nach 120 Jahren sämmtlich frei,
da die nunmehrigen Verwaltungskosten schon im Waldrentirungswerth berücksichtigt sind.

waltungskosten sich vermindern, zinstragend — etwa durch Ab=
zahlung von Staatsschulden — anlegte, dann würden diese Beträge
nach 120 Jahren auf eine Summe angewachsen sein, die den
heutigen Gesammt=Waldrentirungswerth der Staatsforsten um das
2= bis 3fache übersteigen würde.

Es liegt auf der Hand, daß die ermittelten Zahlen zunächst
nur Geltung haben für das Gebiet und für die Verhältnisse, für
welche die Grundlagen zutreffen, also für den Durchschnitt der
preußischen Staatsforsten. Für Forstgrundstücke von besserer Bonität,
bei geringeren Kultur= und Verwaltungskosten, bei besseren Absatz=
und Preisverhältnissen, sowie vor Allem bei niedrigeren Umtrieben
ergeben sich selbstverständlich weit günstigere Resultate. Unter ent=
sprechenden Umständen werden sich, besonders für kleinere Flächen,
Werthe berechnen, die den in der Tabelle 1 mitgetheilten von
Professor Schwappach für normale Bestände abgeleiteten Zahlen
nahe kommen.

# Praktische Folgerungen.

---

## 1. Für den Staatsforstbesitz.

### Waldreinertrag oder Bodenreinertrag?

### § 16.

Wenn wir im ersten Theil gesehen haben, daß die hohen Um=
triebe, wie sie in den Staatsforsten vorkommen, vom Standpunkte
der Rentabilität zu verwerfen sind, so könnte nun vielleicht ein Heiß=
sporn auf den Gedanken kommen, daß der Staat je eher je lieber
auf der ganzen Linie zu niedrigeren Umtrieben übergehen müsse,
daß also z. B. der preußische Staat für die nächsten 10 oder
20 Jahre den jährlichen Einschlag bedeutend verstärken, daß er auf diese
Weise einen größeren Betrag von dem so geringe Zinsen bringenden
Holzkapitale aus dem Walde herausnehmen, damit Staatsschulden
abzahlen und alsdann nur noch im 80= bezw. 100 jährigen Umtriebe
weiter wirthschaften müsse.

Ein solches Vorgehen wäre genau so kurzsichtig, wie etwa der Beschluß
aller größeren preußischen Landwirthe, im nächsten Jahre nur noch Hafer
zu bauen, nachdem sich ergeben, daß im verflossenen Jahre nach den
augenblicklichen Preisverhältnissen der Haferbau rentabler war als der
Roggen= und Weizenbau. Die Folge davon würde sein, daß im nächsten
Jahre der Markt mit Hafer überschwemmt werden, daß damit der
Hafer im Preise bedeutend sinken würde, daß Roggen und Weizen dagegen
im gleichen Maaße steigen würden. Aehnlich würde es mit den forst=
lichen Produkten werden. Wenn ein Besitzer so ausgedehnter Forsten
wie der preußische Staat kein über 100 jähriges Kiefernholz bezw. kein

über 80jähriges Fichtenholz mehr auf den Markt brächte, wenn er dafür ein sehr verstärktes Angebot in schwächeren Nutzhölzern und in Brennholz machte, dann würden naturgemäß die Preise für die letzteren Sortimente sinken, für die Starkhölzer dagegen würden sie in gleichem Maaße steigen. Durch Import und Export wäre bei den immerhin hohen Transportkosten für Holz ein gehöriger Ausgleich nicht zu erwarten. Wenn nach Eintritt dieser Zeit mittels der Faustmann'schen Formel abermals die Rechnung angestellt würde, dann würde sich ergeben, daß alsdann wieder die hohen Umtriebe die rentableren wären.

Der Umstand, daß die niederen Umtriebe zur Zeit vortheilhafter sind als die hohen, beweist nur, daß die Starkhölzer zur Zeit zu gering, die schwächeren Hölzer dagegen im Verhältniß zu hoch bezahlt werden. Der Ausgleich muß hier in der Weise geschaffen werden, daß das Angebot von Starkholz etwas vermindert, dasjenige von schwächerem Material dagegen etwas vermehrt wird. Wie die als Beispiel angeführten Landwirthe nur dann vortheilhaft vorgehen, wenn sie den Haferbau etwas verstärken und dafür den Roggen- und Weizenbau etwas einschränken, so kann auch der preußische Staat, wenn er die Rentabilität seiner Forsten erhöhen will, nur in der Weise verfahren, daß er in einem Theile derselben zu niedrigeren Umtrieben übergeht.

Ehe ich einen dahingehenden Vorschlag weiter ausführe, will ich zunächst das jetzt in Preußen gebräuchliche Forsteinrichtungsverfahren kurz erläutern.

## § 17.

Das in den preußischen Staatsforsten angewandte Forsteinrichtungsverfahren ist das kombinirte Flächen-Massenfachwerk. Bei der am meisten gebräuchlichen 120jährigen Umtriebszeit wird letztere in sechs Fächer (Perioden genannt) zu je 20 Jahren getheilt. Der ersten Periode werden diejenigen Bestände zugewiesen, welche im Laufe der nächsten 20 Jahre genutzt werden sollen, der zweiten Periode diejenigen, welche im Verlaufe der darauf folgenden 20 Jahre geschlagen werden sollen u. s. w. Bei vollständig normalem Alters-klassenverhältniß würden danach der ersten Periode die 101- bis

120jährigen, der zweiten die 81—100-, der dritten die 61- bis 80jährigen Bestände u. s. w. zuzuweisen sein. Insoweit ist das Verfahren ein reines Flächenfachwerk, es dotirt die Zeitfächer mit Flächen, regelt also die Abnutzung nach der Fläche. Nachdem das fertig ist, wird von jedem der Bestände erster Periode die Masse speziell aufgenommen und der Zuwachs bis zu dem im Durchschnitt bis zum Einschlag noch verlaufenden Zeitraum von zehn Jahren hinzugerechnet. Alsdann werden die so gewonnenen Abtriebserträge von allen Beständen summirt, die Summe wird darauf durch 20 dividirt und der jährliche Abnutzungssatz, das wichtigste Resultat der Betriebsregulirung, ist gefunden.

Wenn alles so glatt verliefe, wie es hier niedergeschrieben wird, dann wäre gegen das Verfahren nichts zu sagen. Ich möchte aber besonders einen Uebelstand beleuchten, der demselben anhaftet.

Wenn für ein Revier, z. B. ein pommersches Kiefernrevier, die 120jährige Umtriebszeit zu Grunde gelegt wird, so wird dabei stillschweigend angenommen, daß alle Bestände in 120jährigem Alter genutzt werden, daß also alle gleichmäßig im Stande sind, dieses Alter zu erreichen. Das ist aber zum Theil unmöglich, zum Theil unrathsam und unwirthschaftlich. In fast allen Revieren kommt es vor, daß einzelne Kulturen aus diesem oder jenem Grunde fehlschlagen, daß hie und da nach häufigen Nachbesserungen doch nur lückige ungleichwüchsige Bestände entstehen. Der Forsttaxator, welcher über derartige etwa 60—80 Jahre alt gewordene Bestände zu befinden hat, wird gezwungen sein, sie der ersten Periode zuzuweisen. Ebenso muß er mit solchen Beständen verfahren, die aus irgend welchen Ursachen sich frühzeitig gelichtet haben, die im vorzeitigen Absterben begriffen sind u. s. w. Ich will nur an Kiefernbestände auf früherem Ackerboden, auf Bruchboden sowie an solche erinnern, die durch den Wurzelpilz (Trametes radic.) heimgesucht werden.

Die Folge davon ist, daß an Stelle dieser vorzeitig zur Nutzung angesetzten Bestände andere der ältesten Altersklasse angehörige zurückgeschoben werden müssen. Für den Taxator ist das häufig die schwierigste Aufgabe. Er läuft von einem Bestand zum anderen, er ist überzeugt, daß sie alle überhiebsreif sind, daß bei ihnen kaum noch irgend ein Werthszuwachs, viel weniger aber eine nennenswerthe Kapitalsverzinsung stattfindet. Er kann sie aber der ersten Periode nicht zutheilen, denn das Fach der letzteren ist ausgefüllt. Erhöht wird dieser Uebelstand noch durch das vielfach vorhandene Bestreben, sparsam zu wirthschaften, also die Nutzung der ersten Periode unter dem jeder Periode zukommenden Durchschnitt zu halten. Wo derartige Verhältnisse dauernd vorkommen — kein Revier ist ganz frei davon —, da entsteht die weitere Folge, daß statt einer Betriebsklasse mit etwa 120jähriger Umtriebszeit thatsächlich zwei Betriebsklassen nebeneinander bestehen, ohne daß das im Betriebsplan zum Ausdruck kommt: eine kleinere mit durchschnittlich beispielsweise etwa 80jähriger, und eine größere mit durchschnittlich etwa 130jähriger Umtriebszeit. Beide Umtriebe sind dem Wirthschafter gegen seinen Willen aufgezwungen und der Zwang fordert Opfer: die über 120jährigen Bestände weisen ein außerordentlich geringes Weiserprozent auf, und die jüngeren haben — weil man sich naturgemäß so lange als möglich sträubt, sie zu nutzen — häufig auch schon Werthsverluste erlitten.

Der Grund für den Uebelstand liegt darin, daß die durchschnittliche periodische Nutzungsfläche zu klein bemessen ist. Wird bei einer zu Grunde gelegten Umtriebszeit von 120 Jahren ein 60- bis 80jähriger Bestand von a ha Umfang zur Nutzung bestimmt, dann gehört dieser Bestand eigentlich einer Betriebsklasse mit 80jähriger Umtriebszeit und der Fläche 4 a an. Von diesen 4 a ha kommt deshalb nicht, wie heute bei Aufstellung des Betriebsplanes angenommen wird, $^1/_6$, sondern eigentlich $^1/_4$ der ersten Periode zu; die Fläche der ersten Periode ist mithin bei richtigem Verfahren um $a - \dfrac{4}{6} a = \dfrac{1}{3} a$ zu vergrößern. In gleicher Weise ist bei einem 40—60jährigen Bestande die Fläche der ersten Periode um $^1/_2$ a, bei einem 80—100jährigen um $^1/_6$ a zu erhöhen.

Das heutige Verfahren würde einigermaaßen begründet sein, wenn die Absicht verwirklicht werden könnte, für die Zukunft ein normales der einheitlich zu Grunde gelegten Umtriebszeit entsprechendes Altersklassenverhältniß herzustellen. Wenn das möglich wäre, dann würde der jährliche Abtrieb von genau $^1/_{120}$ der Betriebsfläche (bei 120jähriger Umtriebszeit) der sicherste Weg dazu sein. Wie ich aber schon angedeutet habe, ist das eben nicht möglich). 120 Jahre sind ein langer Zeitraum und nicht jeder Bestand wird sich während desselben so entwickeln können, daß sein Ueberhalten bis zu diesem Alter vom wirthschaftlichen Standpunkte aus gerechtfertigt werden könnte. Boden- und Zuwachsverhältnisse, Sturm-, Insekten- und andere Schäden werden immer wieder dazu zwingen, den einen oder den anderen Bestand frühzeitig zum Einschlag zu bringen. Keine einzige Oberförsterei ist uns von unseren Vorfahren mit vollständig normalem Altersklassenverhältniß überliefert worden, und ebenso wenig werden wir im Stande sein, der Nachwelt eine solche zu hinterlassen. Viel näher aber können wir dem Ziele kommen, wenn wir das Erreichbare als das Normale bezeichnen und als Ziel in's Auge fassen. Wenn wir von vornherein z. B. bezüglich eines f ha umfassenden Kiefernreviers sagen: Im Durchschnitt hält nur etwa die Hälfte die Bestände leidlich geschlossen und leidlich gesund bis zu 120jährigem Alter aus, $\frac{1}{4}$ wird im 100jährigen, $\frac{1}{4}$ im 80jährigen Alter hiebsreif, dann müssen wir

fortfahren: die normale periodische Hiebsfläche beträgt nicht $\frac{1}{6}$ f,

sondern: $\frac{1}{6} \cdot \frac{f}{2} + \frac{1}{5} \cdot \frac{f}{4} + \frac{1}{4} \cdot \frac{f}{4} = \frac{47}{240} f =$ rund $\frac{1}{5}$ f und dementsprechend das normale Altersklassenverhältniß:

$$\text{I.} \quad \frac{1}{6} \cdot \frac{f}{2} = \quad \cdots \cdots \cdots \quad \frac{20}{240} f$$

$$\text{II.} \quad \frac{1}{6} \cdot \frac{f}{2} + \frac{1}{5} \cdot \frac{f}{4} = \cdots \cdots \quad \frac{32}{240} f$$

$$\text{III.} \quad \frac{1}{6} \cdot \frac{f}{2} + \frac{1}{5} \cdot \frac{f}{4} + \frac{1}{4} \cdot \frac{f}{4} = \cdots \quad \frac{47}{240} f$$

$$\text{IV.} \quad \frac{1}{6} \cdot \frac{f}{2} + \frac{1}{5} \cdot \frac{f}{4} + \frac{1}{4} \cdot \frac{f}{4} = \cdots \quad \frac{47}{240} f$$

$$\text{V.} \quad \frac{1}{6} \cdot \frac{f}{2} + \frac{1}{5} \cdot \frac{f}{4} + \frac{1}{4} \cdot \frac{f}{4} = \cdots \quad \frac{47}{240} f$$

$$\text{VI.} \quad \frac{1}{6} \cdot \frac{f}{2} + \frac{1}{5} \cdot \frac{f}{4} + \frac{1}{4} \cdot \frac{f}{4} = \cdots \quad \frac{47}{240} f$$

$$\text{Summa} \quad \frac{240}{240} f.$$

und auf solcher Grundlage muß sich die Betriebsregulirung aufbauen.

## § 18.

An diese Betrachtungen nun schließt sich mein Vorschlag für eine mehr oder weniger starke Rücksichtnahme auf die Lehren der Boden=reinertragstheorie bei Bewirthschaftung der Staatsforsten an. Wenn es erwiesen ist, daß sich bei Erziehung von schwächerem Kiefern=bauholz, oder auch von Gruben=, Schleif= und gar Brennholz eine weit höhere Bodenrente ergiebt als bei Erziehung von 120= bis 140jährigen Schneidehölzern, wenn daraus gefolgert werden muß, daß die ersteren Sortimente verhältnißmäßig zu hoch, die letzteren dagegen zu niedrig bezahlt werden, und wenn der Staat in Folge dessen be=schließen sollte, künftighin das Angebot der Starkhölzer etwas zu be=schränken, dasjenige der schwächeren Hölzer dagegen etwas auszudehnen, so ließe sich diese Absicht leicht in der Weise verwirklichen, daß inner=halb einer Oberförsterei mehrere Betriebsklassen gebildet würden.

Ich will z. B. ein 6000 ha umfassendes Kiefernrevier nehmen. Hier würden vielleicht etwa 3000 ha dem 120jährigen, 1500 ha dem 100jährigen und 1500 ha dem 80jährigen Umtriebe zuzuweisen sein. Die normale Periodenfläche würde sich demnach belaufen auf:

$$\frac{3000}{6} + \frac{1500}{5} + \frac{1500}{4} = 500 + 300 + 375 = 1175 \text{ ha (statt}$$

1000 ha bei 120jähriger Umtriebszeit für das ganze Revier). Es würde sich nun nicht — oder doch nur in selteneren Fällen — empfehlen, jeder dieser drei Betriebsklassen einen örtlich zusammen=hängenden abgeschlossenen Reviertheil zuzuweisen, etwa in der Art, daß zwei Schutzbezirke dem 120jährigen Umtriebe, einer dem 100jährigen und einer dem 80jährigen zugetheilt würden. Diesem Verfahren würden die oben besprochenen Uebelstände, die sich aus der Zugrundelegung einer einheitlichen Umtriebszeit für größere Wald=komplexe ergeben, immer noch in hohem Maaße anhaften. Das vortheilhafteste Verfahren würde vielmehr darin bestehen, daß jeder einzelne Bestand darauf hin untersucht wird, ob er dem 80jährigen, dem 100jährigen oder dem 120jährigen Umtriebe zuzutheilen ist, daß also die den verschiedenen Betriebsklassen zu überweisenden Bestände durcheinander gelegt werden. Der letztere Weg bietet den sehr großen Vortheil, daß der Individualität der einzelnen Bestände, also den Verschiedenheiten der Boden=, Wuchs=, Schlußverhältnisse u. s. w.

Rechnung getragen werden kann, daß vortheilhafte Bestandes=
unterbrechungen herbeigeführt werden können u. a. m. Es ist dabei
weder nöthig noch rathsam, schon die jüngeren Altersklassen an
die einzelnen Betriebsklassen zu vertheilen, es genügt vielmehr, wenn
die der ersten Periode zuzuweisenden, also die zum Hiebe bestimmten
Bestände bezeichnet werden. Aus der zweiten und dritten Alters=
klasse würden hierbei zunächst die hiebsnothwendigen Bestände (Selbst=
lichtung, Anbrüchigkeit u. s. w.) zur Nutzung zu bestimmen sein und
danach solche, die sich am wenigsten zur Starkholzzucht eignen, oder
solche, die in der Nähe des Absatzgebietes für schwächere Hölzer (Holz=
schleifereien, Holz=Essigfabriken rc.) gelegen sind. Die Nachhaltigkeit
würde ebenso, wie bisher, am Altersklassenverhältniß zu prüfen sein.

<h2 style="text-align:center">§ 19.</h2>

Was würde nun die Folge sein, wenn in der vorgeschlagenen
Weise der Uebergang zu niedrigeren Umtriebszeiten in den preußischen
Staatsforsten nach Verlauf von etwa 20 Jahren durchgeführt wäre?
Zunächst würden, wie beabsichtigt, die Starkhölzer (Schneidehölzer)
im Preise etwas gestiegen, die schwächeren Holzsortimente dagegen
im Preise etwas gefallen sein. An allzu bedeutende Preisänderungen
darf man jedoch dabei nicht denken. Das mangelnde Angebot von
Starkholz würde zum Theil durch vermehrte Einfuhr besonders aus
Rußland und Oesterreich, anderen Theils dadurch in etwas ausgeglichen
werden, daß die Starkholz verarbeitenden Gewerbe künftighin auch
schwächere Hölzer verwenden würden. Andererseits würden die
Preise für letztere Sortimente deshalb nicht gar zu stark sinken,
weil sich mit dem Fallen der Preise die derartige Hölzer ver=
brauchende Industrie (Papier= und Holzessigfabrikation u. s. w.)
ausdehnen und weil, wie eben ausgesprochen, das schwächere Holz=
material theilweise als Ersatz für Starkholz dienen würde. Sogar
das Brennholz würde schon bei nur geringer Verbilligung vielerorts
im Stande sein, der Kohle Konkurrenz zu machen.

Es giebt nun ängstliche Gemüther, die sagen: „Wer weiß
wie lange das mit den guten Preisen für die schwächeren Holz=
sortimente dauert. Das Starkholz hat sicherlich die größte und all=
gemeinste Verwendungsfähigkeit, im Nothfalle kann es als Ersatz

für schwächere Holzsortimente dienen; das Umgekehrte ist dagegen weit weniger der Fall. Sollte also aus irgend welchem Grunde die Nachfrage für Starkhölzer steigen, dann würde es jeder Waldbesitzer bedauern müssen, zu niedrigen Umtriebszeiten übergegangen zu sein."

Diese Besorgniß ist durchaus unbegründet. Es wurde schon angedeutet, daß schwächere Hölzer im Stande sind, Starkhölzer theilweise zu ersetzen. Die Mehrzahl der Starkhölzer wird zu Brettern und Bohlen zerschnitten. Sollte nun die Nachfrage nach letzterem Material erheblich steigen, dann werden eben auch Stämme von Bauholzstärke zu Schnittwaare verarbeitet werden. Die Möbel aus schmäleren Brettern sind allerdings weniger werthvoll und erfordern dabei höhere Herstellungskosten als die aus breiten Brettern gearbeiteten, aber wenn sie erheblich billiger sind als die letzteren, dann werden sie doch mit diesen in Konkurrenz treten können. Das Steigen der Holzpreise wird aus diesem Grunde für alle Nutzholzsortimente annähernd gleichmäßig erfolgen. Aber selbst wenn die letztere Folgerung falsch wäre, wenn man also etwa ein Emporgehen der Brettholzpreise für wohl möglich erachten wollte, ohne daß die Bauholzpreise gleichzeitig mit stiegen, dann könnte doch daraus noch nicht die Berechtigung für ein starres Festhalten an den hohen Umtrieben hergeleitet werden. Für diesen unwahrscheinlichen Fall der einseitigen Preissteigerung für Starkhölzer bliebe ja die Rückkehr zu 120jährigem Umtriebe jeder Zeit offen. Allerdings würden bei dieser eventuellen Rückkehr für die Zeit des Ueberganges die jährlichen Einnahmen aus den Staatsforsten etwas sinken, aber bedeutend würde das schon deshalb nicht sein, weil ja der nach dem von mir gemachten Vorschlage im Starkholzumtriebe weiter bewirthschaftete Theil der Staatsforsten alsdann zufolge der stattgehabten Preissteigerung höhere Erträge als bis dahin liefern würde. Außerdem könnte der Ausfall während der Uebergangszeit dadurch noch weiter gemildert werden, daß auf geeigneten Standorten durch einen etwas forcirten Lichtungsbetrieb die Starkholzumtriebszeit etwas abgekürzt würde.

Allerdings würde weiterhin, wenn das Steigen der Starkholzpreise soweit ginge, daß sich für den 120jährigen Umtrieb ein er-

heblich höherer Bodenerwartungswerth als für den 100jährigen er=
gäbe, während der zurückliegenden 20 Jahren — vom Eintritt der
Preissteigerung an gerechnet — durch Abtrieb der 100jährigen Be=
stände eine Verlustwirthschaft stattgefunden haben, allerdings würde
es alsdann finanziell vortheilhafter gewesen sein, alle diese Bestände
120 Jahre alt werden zu lassen. Aber soll man die, wie seit
Jahrzehnten, so auch nach den augenblicklichen Preisverhältnissen
rentabelste Wirthschaft meiden und dafür eine weit weniger rentable
beibehalten, nur deshalb, weil die Möglichkeit nicht ganz aus=
geschlossen ist, daß letztere sich auch eventuell einmal günstiger stellen
könnte als jene? Soll man deshalb lange Jahrzehnte hindurch
einen erheblichen Zinsverlust tragen, nur weil die ganz geringe
Möglichkeit vorliegt, die Chancen könnten sich auch einmal
ändern? Wenn das richtig ist, dann kann man auch dem Pferde=
züchter keinen Vorwurf machen, der noch immer die dänische Rasse
züchtet, obgleich — wie ich annehmen will — die Zucht hannoverscher
Pferde weit rentabler ist. Er würde mit Recht sagen: „Wer weiß,
ob nicht einmal die dänischen Pferde so im Preise steigen, daß ihre
Zucht mehr lohnt als die der hannoverschen. In diesem Falle
würde ich es doch sehr bereuen, die schon von meinem Ur=
großvater betriebene Zucht der Dänen aufgegeben zu haben. Denn,
wenn ich auch alsdann sofort die frühere Zucht wieder einführen
würde, so hätte ich doch während der Uebergangszeit, während
welcher also meine Ställe noch mit den jüngeren Jahrgängen der
Hannoveraner theilweise gefüllt wären, geringeren Profit, als wenn
ich bei der alten guten dänischen Zucht geblieben wäre." Ich
glaube, es denkt dabei jeder an Eulenspiegel, der sich freute, wenn
er den Schlitten den Berg hinaufzog und weinte, wenn er auf dem=
selben sitzend den Berg hinabfuhr.


### § 20.

Der Vortheil andererseits, der dem Staat aus der Herab=
setzung der Umtriebszeit erwüchse, würde darin bestehen, daß er
während der Dauer der Uebergangszeit durch den Einschlag der
überschießenden Altholzbestände, welche das äußerst gering verzinste
Zuviel des Holzkapitals ausmachen, alljährlich eine nicht unerheblich

höhere Einnahme aus den Forsten beziehen würde, die er zur Befriedigung von Staatsbedürfnissen, wobei sie sich weit höher verzinsen, die er aber auch — wenn sie durchaus dem Walde verbleiben sollen — zu Ankauf und Aufforstung von Oedländereien verwenden könnte. Nach Ablauf der Uebergangszeit aber würde — wenn die Einführung niederer Umtriebe nur in geringerem Umfange stattfände — die jährliche Einnahme aus den Staatsforsten, wie aus den Betrachtungen im § 15 (Seite 50) hervorgeht, wahrscheinlich eher gestiegen als gesunken sein.

Für den Fall, daß das Herabgehen zu niedrigeren Umtrieben in größerem Umfange und zwar bis zu einem solchen Grade vorgenommen würde, wie es die strikte Anwendung der Bodenreinertragsformel fordert, würden dagegen nach Ablauf der Uebergangszeit allerdings die jährlichen Einnahmen aus dem Walde sich etwas vermindern, die Verzinsung des verbleibenden Waldkapitals würde aber eine viel günstigere sein als bisher. Bei Beantwortung der Frage, ob der Staat so weit gehen soll, ob er also das Holzvorrathskapital bedeutend verringern und sich zwar mit einer etwas kleineren jährlichen Einnahme aus den Forsten begnügen, dafür aber eine weit höhere Verzinsung des verbleibenden Waldkapitals beziehen soll, können nun aber vielleicht auch andere als finanzielle Erwägungen in Betracht kommen.

### § 21.

Es wird zunächst gesagt: „Der Staat darf sich nicht auf einseitig finanziellen Standpunkt stellen, er muß die Bedürfnisse des Landes, der Bewohner, der verschiedenen Gewerbe berücksichtigen."

Diesen Satz möchte ich zunächst dahin modifiziren, daß der Staat die Pflicht hat, das Gesammtwohl im Auge zu behalten, daß er also nicht — wenigstens nicht ohne Noth — einzelnen Gruppen von Staatsbürgern besondere Bevorzugung zu Theil werden lassen darf. In diesem Sinne darf er für die Holz verbrauchende Industrie nicht finanzielle von der Gesammtheit getragene Opfer bringen. Welches sind denn nun aber eigentlich die vom finanziellen Standpunkte nicht zu rechtfertigenden Forderungen, welche die Bedürfnisse des Landes an die Holzzucht in den Staatsforsten stellen? Wenn es erwiesen ist, daß die schwächeren

Hölzer im Vergleich zu den Starkhölzern verhältnißmäßig zu hoch bezahlt werden, dann folgt doch daraus, daß die Nachfrage im Lande nach den ersteren größer ist als nach den letzteren; und wenn für den Staat eine Verpflichtung daraus abgeleitet werden soll, dann kann es doch nur die sein, schwächere Hölzer künftighin in größerem Umfange zu erziehen und dafür die Starkholzzucht etwas einzuschränken. Oder haben die Essig-, die Papierfabrikanten, die Bauunternehmer u. s. w. bezw. deren Abnehmer nicht dasselbe Recht, vom Staate zu fordern, daß er sie berücksichtigt, wie die Sägemühlenbesitzer, die Möbelfabrikanten u. s. w.? Etwas Anderes wäre es, wenn die Starkholzzucht mit Rücksicht auf die Landesvertheidigung oder aus ähnlichen Gründen nicht eingeschränkt werden dürfte, wenn also etwa der Bedarf an Material zum Bau von Schiffen ein solches Verfahren nicht zuließe. Von einer solchen Rücksicht kann aber heute im Zeitalter des Eisens keine Rede mehr sein. Zudem soll ja die Starkholzzucht nicht aufhören, sondern sie soll nur eingeschränkt werden.

Man könnte weiterhin vielleicht befürchten, daß mit dem theilweisen Fallen der Umtriebszeit derjenige Nutzen des Waldes beeinträchtigt würde, der nicht in klingender Münze zum Ausdruck kommt, wenigstens nicht in solcher Münze, die in die Tasche des Fiskus oder noch richtiger des Forstfiskus fließt. Dieser Nutzen ist ein sehr vielgestaltiger, und es werden gewiß wenige sein, die seinen hohen Werth bestreiten. Die Bedeutung des Waldes für die Verbesserung des Klimas, für die Verminderung von Ueberschwemmungsgefahren, für die Erhaltung von Quellen ist ebenso anerkannt, wie sein Werth in sanitärer und ethischer Beziehung. Aber es wird wohl kaum ein Verständiger behaupten wollen, ein theilweises Herabgehen zu niedrigen Umtriebszeiten in den Staatswaldungen, wie es die richtige Anwendung der Bodenreinertragstheorie fordert, könnte den nach dieser Richtung hin liegenden Werth des Waldes irgendwie nennenswerth beeinträchtigen. Die 80- bezw. 100 jährigen Bestände erfüllen in dieser Beziehung dieselben Zwecke wie die 120 jährigen und noch älteren. Letztere sollen ja aber auch nicht verschwinden, sie sollen nur etwas seltener werden. Für die Naturfreunde, denen ja allerdings meist die Baumriesen besser gefallen als Bauholzbestände, bleiben noch genug Althölzer

übrig, und bei Wäldern in der Nähe größerer Städte, in der Nähe
von Badeorten u. s. w., die viel vom Publikum aufgesucht werden,
kann ja auch darauf besondes Rücksicht genommen werden.

Ein hierher gehörender Nutzen des Waldes und gewiß keiner
von den weniger wesentlichen würde sogar eine nicht unerhebliche
Steigerung erfahren; ich meine die Vergrößerung der von der Forst=
wirthschaft beschäftigten Zahl von Arbeitern. Die Hauptwaldarbeit,
der Holzeinschlag, fällt in den Winter, also in eine Jahreszeit, in
welcher das Schwestergewerbe, die Landwirthschaft, wenig Arbeits=
gelegenheit bietet, in welcher auch weiterhin die Maurer=, Zimmer=
arbeiten u. s. w. ruhen. Zahlreiche Arbeiter dieser Gewerbe würden
den Winter hindurch ohne Beschäftigung sein, wenn sie solche nicht
im Walde fänden. Diese Arbeitslosigkeit würde die weitere Folge
haben, daß sich der viel beklagte Zug nach der Stadt, die Ent=
völkerung des platten Landes noch mehr ausdehnte und daß die
schon jetzt um ihre Existenz kämpfende Landwirthschaft, um Arbeiter
zu behalten, höhere Löhne zahen müßte. Mit dem Herabgehen zu
niedriger Umtriebszeit nun würde die jährliche Schlagfläche und ebenso
die jährliche Kulturfläche in den Forsten wachsen, die Forstarbeiten
würden damit an Ausdehnung zunehmen, der Wald würde eine
größere Anzahl von Arbeitern beschäftigen können, seine sozial=
politische Bedeutung in der angedeuteten Richtung würde also er=
höht werden.

Ein vielgehörter Einwand gegen die Einführung der Boden=
reinertragsumtriebe in den Staatsforsten lautet: „Wir haben das
Holzkapital von unseren Vorfahren überliefert erhalten und wir sind
nicht berechtigt, dasselbe zu verringern." Das ist gerade so gut,
als wenn man dem Eigenthümer eines Landgutes, das er von
seinem Vater geerbt hat, verbieten wollte, einzelne Theile der Grund=
stücke als Bauplätze zu verkaufen, selbst wenn der angebotene Kauf=
preis dem zehnfachen Betrage des Werthes gleichkommt, den ihm
diese Grundstücke bei der landwirthschaftlichen Nutzung repräsentiren.

Allerdings haben wir das Holzkapital von unseren Vorfahren
übernommen; aber es würde sich gewiß keiner der Vorfahren im
Grabe umdrehen, wenn er sähe, daß das von ihm angesammelte
Kapital aus einem Unternehmen herausgezogen würde, bei welchem

es sich zu $^1/_2$—1 % verzinst, und dafür einer dreifachen und höheren Verzinsung zugeführt würde. Das Flüssigmachen dieses Kapitals würde nur dann zu verurtheilen sein, wenn man fürchten müßte, der Staat werde einen unrichtigen Gebrauch von dem Gelde machen, er werde es zu unrationellen Unternehmungen, zu Luxuseinrichtungen u. s. w. verwenden. Wenn er es dagegen zur Schuldentilgung, zur Erbauung von Schiffen u. s. w. benutzte, so würde dagegen gewiß nichts einzuwenden sein.

Einen Gesichtspunkt indessen giebt es, der vielleicht mit größerem Rechte als die bisher erörterten gegen die Verminderung des Holz=vorrathskapitals in den Staatsforsten geltend gemacht werden könnte, das ist derjenige, von welchem aus dieser Vorrathsüberschuß als ein jeder Zeit in Geld umsetzbares für Nothfälle bereitliegendes Reserve=kapital erscheint, ähnlich dem im Juliusthurm bei Spandau aufbewahrten Gelde. Es ist bekannt, daß Friedrich der Große und späterhin Napoleon in verschiedenen Oberförstereien die werthvollen Eichen ein=schlagen ließen, um Geld zum Kriegführen zu bekommen, und es ist vielleicht nicht ausgeschlossen, daß der Wald berufen sein könnte, bei ähnlicher Gelegenheit aus der Klemme zu helfen. Ob in dieser Be=ziehung die 4—800 Millionen Mk., auf welchen Betrag sich je nach der Stärke des Eingriffs das Kapital etwa beläuft, heute noch in's Gewicht fallen, will ich nicht beurtheilen. Zu bedenken ist hierbei jedoch, daß das Kapital nicht sofort, sondern erst im Laufe einer Reihe von Jahren flüssig gemacht werden kann. Wenn dasselbe wirklich als Reservekapital für Kriegsfälle Bedeutung hat, dann würde es vielleicht zweckmäßiger sein, wenn man mit der Herausnahme schon jetzt begönne und die alljährlich eingehenden Beträge dem im Juliusthurme liegenden Gelde beifügte.

## Wald oder Feld?

### § 22.

An die Frage, ob Waldreinertrag oder Bodenreinertrag, schließt sich eng diejenige an, ob Wald oder Feld bezw. irgend eine andere Nutzung des Bodens, mit anderen Worten, ob der Staat die der Holzzucht überwiesene Fläche dadurch vermindern soll, daß er einzelne Theile derselben einer anderen Nutzung zuführt, oder ob er sie umgekehrt durch Ankauf noch vergrößern soll. Beide Fragen laufen auf dasselbe hinaus, denn was für die Vergrößerung der Waldbodenfläche spricht, muß gegen die Verminderung derselben geltend gemacht werden können. Ich will diese Frage zunächst vom rein finanziellen Standpunkte betrachten.

Es ist bekannt, daß es der Staat aus verschiedenen Gründen als seine Aufgabe betrachtet, Oedländereien zum Zwecke der Aufforstung anzukaufen. Ich glaube nicht zu irren, wenn ich annehme, daß die Mehrzahl der Abgeordneten, die alljährlich im Landtage für eine Ausdehnung dieser Ankäufe seitens des Staates plaidiren, der Meinung ist, daß der Staat dabei „auf die Kosten komme", daß sich also das Ankaufs- und Aufforstungskapital mit einem, wenn auch nur mäßigen Satze verzinse. Nach den Ausführungen im letzten Kapitel des ersten Theiles brauche ich es kaum noch zu betonen, daß diese Annahme eine durchaus irrige ist. Wenn sich selbst für die am besten rentirenden Forsten im preußischen Staate, nämlich für diejenigen des Regierungsbezirks Erfurt, schon bei der mäßigen Forderung einer Verzinsung von $2\frac{1}{2}\%$, ein Bodenwerth $=$ Null ermittelt, und wenn für den Regierungsbezirk Bromberg, der die mittlere Rentabilität der preußischen Staatsforstwirthschaft wiederspiegelt, der Bodenwerth einen hohen negativen Betrag aufweist, dann ist es klar, daß bei den Oedländereien, die in der Mehrzahl nur den geringeren Bonitäten angehören, für das Ankaufs-, Aufforstungs- und Verwaltungskostenkapital sich nur eine äußerst geringe Verzinsung ergiebt. Wenn diese Verzinsung für den Regierungsbezirk Bromberg, selbst bei Einsetzung des Bodenkapitals $=$ O, nur $0{,}7\%$ beträgt, so wird man kaum fehlgehen, wenn man dieselbe bei den Oedlandsankäufen, unter Zugrundelegung der in den Staatsforsten gebräuchlichen hohen Umtriebszeiten, auf durchschnittlich $\frac{1}{4}$ bis $\frac{1}{2}\%$ anschlägt. Stellenweise, besonders in den Gebirgsgegenden des Westens, wo die Aufforstung mit Fichten in Frage kommt, stellt sich das Resultat allerdings günstiger.

Es giebt nun Volkswirthschafter, die sagen: „Auf eine Verzinsung kommt es hierbei gar nicht an. Ein volkswirthschaftlicher Gewinn, eine Vermehrung des Nationalvermögens liegt schon vor, wenn auf bisher vollständig brach liegenden Flächen überhaupt Werthe erzeugt werden, wenn also — was uns hier interessirt — auf den Oed=landsflächen Holz wächst, das irgend welchen Werth, irgend welche Verwendbarkeit hat, sei es als Bohnenstangen, Brennholz oder sonst wie."

Wenn das richtig ist, dann kann man dem preußischen Staate nur rathen, daß er schleunigst die thurmhohen Sanddünen der kurischen Nehrung in die Ostsee transportiren läßt. Sein Gewinn ist hierbei ein doppelter: einmal legt er durch die Entfernung der Dünen, denen heute auch mit den höchsten Kosten keinerlei Ertrag abgenommen werden könnte, einen sowohl zur land= als auch zur forstwirthschaftlichen Nutzung wohlgeeigneten Lehmboden frei, und dann gewinnt er durch theilweises Zuschütten der Ostsee noch weitere Flächen, die der Boden=frische wegen ebenfalls zur Holzzucht geeignet sein werden. Auf die Millionen von Kosten darf es dem Staate nicht ankommen; er erreicht ja, daß wirthschaftliche Güter da erzeugt werden, wo früher nicht daran zu denken war.

Die Arbeitskraft seiner Bewohner ist eines der höchsten natio=nalen Güter eines Staates, und dessen Aufgabe muß es sein, dasselbe richtig zu verwenden, es rationell anzulegen. Wenn sich aber bei den Aufforstungen von Oedländereien der Werth des Tagelohns eines männlichen erwachsenen Arbeiters bei $2^1/_2 \%$ Zinseszinsen nur auf etwa 30 Pf. berechnet, dann wird man nicht behaupten können, daß das eine rationelle Verwendung der Arbeits=kraft ist. Das Nationalvermögen wäre sicher weit besser gefahren, wenn die Tagelöhner in der Landwirthschaft oder im Fabrikbetriebe thätig gewesen wären, woselbst ihre Arbeitskraft den zehnfachen und höheren Werth repräsentirt. Ganz dasselbe gilt von der zur Ver=waltung u. s. w. aufgewendeten Arbeit.

Wenn wir sehen, daß vom finanziellen Standpunkte die Ankäufe und Aufforstungen von Oedländereien nicht gerechtfertigt werden können, so bin ich doch weit davon entfernt, sie verurtheilen und womöglich einer Verringerung des bisherigen Staatsforstbesitzes das Wort reden zu wollen. Die Ankäufe finden vielmehr in den meisten Fällen ihre volle Berechtigung in der außerhalb des Geld=beutels liegenden Bedeutung des Waldes, die ich oben schon angedeutet habe. Eine Folgerung aber möchte ich hier ziehen: wenn durch diese Ankäufe schon seit Jahrzehnten das uns von den Vorfahren überlieferte Waldkapital alljährlich nicht unbedeutend vermehrt wird, dann wird es vielleicht auf der anderen Seite erlaubt sein, daß durch theilweises Herabgehen zu niederen Umtrieben dasselbe etwas vermindert und daß dadurch die Rentabilität des ganzen Staatsforstbetriebes erhöht wird.

Aus demselben Grunde, wenn nicht schon aus rein finanziellem, würde es sich rechtfertigen lassen, wenn der Staat diejenigen Waldbodenflächen, die landwirthschaftlich einen auffallend weit höheren Ertrag mit Sicherheit versprechen, der Forstwirthschaft entzöge und der Landwirthschaft zuführte.

Natürlich darf dabei nicht zuweit gegangen werden. Bei Revieren in waldarmen Gegenden, sowie bei solchen, die vom Publikum besonders viel zum Vergnügen und zur Erholung aufgesucht werden, wird man auch eine verhältnißmäßig hohe Verlustwirthschaft mit gutem Gewissen weiterbetreiben können. Der Gewinn an ideellen Gütern wiegt hier den Ausfall an Geld reichlich auf. Aber eine bessere Vertheilung von Wald und Feld dürfte sich auch unter diesem Gesichtspunkte vielfach empfehlen. Wenn stellenweise ebene, zur Rübenzucht wohlgeeignete Bodenflächen mit Holz bestanden sind, während ganz in der Nähe liegende Hänge landwirthschaftlich genutzt werden, obgleich letztere hierbei nur einen sehr geringen Ertrag geben, während sie andererseits bei forstlicher Nutzung ersteren Flächen nur unerheblich nachstehen würden, dann dürfte ein Austausch zwischen land- und forstwirthschaftlich genutzter Fläche wohl angebracht sein.

## § 23.

Aus der geringen Rentabilität der Staatsforstwirthschaft ergiebt sich noch eine Anzahl weniger wichtiger Folgerungen, von denen ich einige anführen will. Wenn sich der Waldbodenwerth und damit die Waldbodenrente negativ ergiebt, wenn also die Aufforstung eines Grundstückes eine Verlustwirthschaft bedeutet, dann enthält andererseits das Unterbleiben einer Aufforstung, also das Brachliegenlassen einer abgetriebenen Waldbodenfläche an und für sich schon einen pekuniären Gewinn. Es wird deshalb erlaubt sein, daß man kleinere Waldflächen dann brach liegen läßt, wenn dadurch noch anderweite pekuniäre Vortheile erreicht werden. So würde es sich z. B. empfehlen, an allen wichtigeren Waldwegen gehörig Breite zur Trockenhaltung und damit zur Schonung der Fahrbahn hinreichende Parallelstreifen und ähnlich in ausgedehnten zusammenhängenden Nadelholzkulturen, zur Verhinderung von Brandschäden, nicht nur 10 bis 20 m, sondern 50 bis 60 m breite Schutzstreifen liegen zu lassen. Ebenso würde man ohne Skrupel zugeben können, daß an der Grenze von innerhalb des Waldes liegenden Acker= und Wiesenflächen (Dienstländereien der Forstbeamten u. a.), deren Ertrag durch die Schattenwirkung an= grenzender Bestände stark beeinträchtigt wird, holzleere Streifen liegen bleiben, deren Breite nicht wie bisher ca. 5 m, sodern mindestens 20 m beträgt. Weiterhin wäre es rathsam, solche kleineren Flächen, die sich nur mit sehr hohen Kosten in Bestand bringen lassen (Sümpfe, Frostlöcher u. s. w.), bei denen also das Mißverhältniß zwischen Ertrag und Kosten am grellsten ist, ebenfalls von der Kultur auszuschließen. Alle diese Flächen würden gleichzeitig auch insofern noch pekuniäre Vortheile gewähren, als sie dem Wilde Aesung bieten und dasselbe dadurch von den Kulturen mehr ablenken würden. Besonders im Winter bei hohem Schnee hätten diese Flächen zur Erhaltung des Wildes und zur Fernhaltung desselben von den Kulturen große Bedeutung. Hier könnte mittels Schneepflug das Heidekraut, der Ginster oder was sich sonst auf den Streifen ansiedelt, leicht freigelegt und dadurch dem Wilde die beste und natürlichste Winteräsung zugänglich gemacht werden.

Jedenfalls erscheint das Verdienst, das sich manche Revier= verwalter damit zu erwerben glauben, daß sie jedes Eckchen, jede kleine Waldblöße schleunigst zupflanzen, daß sie mit dem Waldboden „geizen", von diesem Gesichtspunkte aus in einem ganz anderen Lichte.

## 2. Folgerung für Privat= und Kommunalforstbesitz.

### § 24.

Wenden wir uns vom Staate zum Privatwaldbesitzer, so ist hier die Frage viel einfacher. Von letzterem kann Niemand verlangen, daß er seinen Wald anders bewirthschaftet, als es ihm die Rücksicht auf seinen Geldbeutel vorschreibt. Hat der Staat ein Interesse daran, daß diese Rücksicht in den Hintergrund gestellt wird, wie es bei Schutzwaldungen u. a. vorkommen kann, dann soll er den Wald=besitzer für den Minderertrag schadlos halten. Wenn also ein Privat=waldbesitzer nicht zu seinem eigenen Vergnügen seinen Wald etwa parkartig gestalten will, wenn er nicht vielleicht zwecks Förderung der Jagdannehmlichkeit oder aus ähnlichen Gründen eine Verlustwirthschaft in den Kauf zu nehmen bereit ist, dann darf er nur mit den Um=trieben wirthschaften, die ihm die Bodenreinertragstheorie vorschreibt. Wo dieselben noch nicht eingeführt sind, wird hierbei in den meisten Fällen ein vollständiger und gleichmäßiger Uebergang zu niedrigeren Umtrieben erfolgen können, da der geringe Antheil an der Beschickung des Marktes nicht im Stande sein wird, die Preise zu drücken und für die verschiedenen Sortimente zu verschieben. Nur bei ganz aus=gedehntem Privatwaldbesitze kann eine Berücksichtigung der zu er=wartenden Preisverschiebung und eine danach zu bemessende Verschieden=heit der Umtriebszeiten in Frage kommen.

Die hiernach zu wählenden Umtriebszeiten werden im Allgemeinen diejenigen sein, bei welchen die Bestände in die Stärken schwacher zum Massenabsatz geeigneter Nutzhölzer hineingewachsen sind, die ihre Verwendung in der Nähe des Produktionsortes, also ohne zu große Aufwendung für Transport, finden können. Das würde etwa sein bei Eichen: Grubenholz; bei Kiefern und Fichte: Grubenholz und Schleifholz; bei Buche: zur Essigfabrikation geeignetes Material u. s. w. Wo derartige Nutzhölzer kein Absatzgebiet haben, da wird vielfach — bei einigermaßen hohen Brennholzpreisen — der Brennholzumtrieb noch lohnender sein, als die Erziehung von Schneidehölzern, meistens aber wird der Bauholzumtrieb (70—100 jährig bei Nadelhölzern) zu wählen sein.

Die Kommunalwaldungen sind im Allgemeinen wie die Privat=waldungen zu behandeln; nur wird bei ihnen — wenn man besonders an die größeren Städten oder Badeorten gehörenden Besitzungen denkt — weit häufiger als dort die Rücksicht auf die Schönheit der Gegend ein Abweichen vom starren finanziellen Standpunkte und das Betreiben einer Verlustwirthschaft rechtfertigen. Beim Uebergang von hohen zu niedrigen Umtrieben in Kommunalwaldungen würde es zudem noch gerathen sein, den Erlös aus der Versilberung des aufgespeicherten Zuviels des Holzkapitals nicht zur Bestreitung der laufenden Ausgaben der Kommune zu verwenden, sondern denselben zinstragend anzulegen.

Bei kleinerem Privatwaldbesitz spielen in vielen Fällen die Nebennutzungen, besonders die Streunutzung, eine große Rolle. Es ist bekannt, wie stark im Allgemeinen das Verlangen der kleineren bäuerlichen Besitzer nach Waldstreu ist. In stroharmen Jahren werden die höchsten Preise dafür gezahlt. Es rührt das zum Theil daher, daß auf geringerem Ackerboden, wie er sich in den waldreichen Gegenden meist vorfindet, der Strohertrag nur gering ist und daß der Mangel an Streumaterial daher in diesen Gegenden ziemlich leicht und häufig eintritt.

Nun ist es nach dem Stande der Wissenschaft außer Zweifel, daß die Streuentnahme der Produktionskraft des Waldbodens sehr nachtheilig ist, und ich bin weit davon entfernt, einer solchen das Wort reden zu wollen. Aber wenn die reine Holzzucht nur einen geringen Ertrag abwirft, und wenn der Waldbodenwerth, der sich unter Zugrundelegung reiner bis in die ferne Zukunft fortgesetzter Holzzucht berechnet, schon durch eine nur wenige Male ausgeübte Streunutzung aufkommt, dann kann man es keinem Bauer, der vielleicht um seine Existenz kämpft, übel nehmen, wenn er, selbst auf die Gefahr hin, daß die Bäume im Wuchse stark nachlassen, daß vielleicht der Fortbestand des Waldes zeitweise ganz in Frage gestellt ist, diese Nutzung trotzdem ausübt. Man kann ihm das ebenso wenig verdenken, wie es dem Fiskus zu verdenken ist, wenn er kleinere Waldgrundstücke zur Ausbeutung als Steinbruch verpachtet, obgleich er weiß, daß dadurch diese Flächen der forstlichen Produktion auf unabsehbare Zeit entzogen werden. Das Verzichten auf die Streunutzung bedeutet für die vorerwähnten kleinen Waldbesitzer eine Luxuswirthschaft, die sich eben nicht jeder leisten kann.

## Aussichten des Bodenreinertrages.

### § 25.

Als Vater der Bodenreinertragslehre kann Preßler bezeichnet werden, der als Forstmathematiker an der sächsischen Forstakademie

Tharandt Ende der fünfziger Jahre dieses Jahrhunderts sein Aufsehen erregendes und viel angegriffenes Werk „Der rationelle Wald= wirth" erscheinen ließ. Außer ihm ist es besonders dem Einflusse des berühmten vor wenigen Jahren verstorbenen Oberforstraths Judeich, des langjährigen Leiters der genannten Anstalt zu verdanken, daß der sächsische Staat die Wirthschaft in seinen Forsten ohne langes Besinnen nach den Grundsätzen der Bodenreinertragstheorie um= gestaltete.

Neben den beiden Genannten hat sich besonders der klarblickende und scharf denkende Carl Heyer um die Ausbildung der Boden= reinertragslehre verdient gemacht.

Seit dem Hervortreten Preßler's sind ca. 30 Jahre vergangen; 30 Jahre währt der Kampf zwischen Boden= und Waldreinertrag, und noch immer ist das Vorbild Sachsens — wenn ich vom Privat= forstbesitz absehe — ohne Nachfolge geblieben. Es muß Wunder nehmen, daß es der Bodenreinertragswirthschaft so schwer wird, auch in Staatsforsten festen Fuß zu fassen. Wenn wir nach den Gründen fragen, welche die maßgebenden Persönlichkeiten veranlassen, an den althergebrachten hohen Umtrieben festzuhalten, so sind dieselben ver= schiedener Art und ergeben sich zum großen Theil aus meinen bis= herigen Darlegungen.

Zunächst begegnen alle Neuerungen, deren Richtigkeit oder Zweckmäßigkeit nicht handgreiflich ist, vielfachem Widerstande. Die Menschen sind zum großen Theil von Natur aus konservativ, es widerstrebt ihnen, plötzlich neue Götter anzubeten.

Vielen — Forstleuten wie Laien — wird es weiterhin schwer, im Walde ein Finanzobjekt zu erblicken. Das Rechnen und Spekuliren muß nach ihrer Ansicht aus dem Walde verbannt werden. Der Wald erscheint ihnen viel zu poetisch, der Werth der in ihm liegenden ideellen Güter viel zu hoch, als daß die graue Theorie mit ihren trockenen Formeln einen Platz darin finden könnte. Die Forstleute dieser Art klagen schon jetzt darüber, daß der Waldbau — das Heranziehen der Bestände — durch die Forsteinrichtungsarbeiten, auf die sie verächtlich herabblicken, zu sehr eingeengt werde; einer Ausdehnung des Taxations= und Rechnungswesens, wie es mit der Einführung der Bodenreinertragswirthschaft verbunden sein würde, widersetzen sie sich auf's heftigste, ohne daß sie sich die Mühe nehmen, über die Richtigkeit und Zulässigkeit jener Wirthschaft überhaupt nachzudenken.

Ein anderer Theil von Forstleuten, zu dem namhafte Vertreter der Wissenschaft, sowie auch hochstehende Verwaltungsbeamte gehören, bestreitet noch immer die theoretische Richtigkeit der Reinertragslehre. Mit diesen ist nicht zu rechten. Die Richtigkeit der Bodenreinertrags=theorie zu beweisen, ist eine Aufgabe der angewandten Mathematik, bei deren Lösung der Forstmann nur erläuternd mitzuwirken hat. Es wird aber kein Berufsmathematiker ausfindig gemacht werden können, der die theoretische Richtigkeit der Bodenreinertragslehre — sei es auch nur für den nachhaltigen Betrieb — bestreitet.

Der Kreis dieser Art der Gegner wird denn auch immer kleiner. Dagegen sind die Reihen derjenigen noch voll geschlossen, die die Zulässigkeit der Einführung jener Lehre aus volkswirthschaft=lichen Gründen bestreiten. Die in dieser Beziehung vorgebrachten Bedenken habe ich in der Hauptsache oben beleuchtet. Zu diesen Bedenken wird sich bei Personen in maßgebender Stellung vielleicht hier und da noch das Gefühl der Verantwortlichkeit gesellen, die mit so stark einschneidenden Maßregeln verbunden ist.

Interessant ist es zu sehen, wie wirthschaftliche Maßnahmen, die direkte Anklänge an die Bodenreinertragswirthschaft darstellen, z. T. gerade von solchen Forstleuten empfohlen und eingeführt werden, die ausgesprochene Gegner der finanziellen Umtriebe sind. In dem Grundprinzip der Bodenreinertragstheorie: „möglichst hohe Erträge möglichst früh" suchen und finden ihre Berechtigung: von See=bach's modifizirter Buchenhochwald, Hartig's Buchenkonservirungs=hieb, Wagner's Lichtungsbetrieb, Borggreve's Plenterdurch=forstung u. a.

Was die zuletzt genannte Plenterdurchforstung betrifft, so will ich die waldbauliche Berechtigung derselben hier nicht untersuchen. Wenn es aber richtig ist, was Herr Oberforstmeister Borggreve behauptet, daß nämlich die unterdrückten Stammindividuen nach Wegnahme ihrer Bedränger, der herrschenden Stämme, im Stande sind, sich schnell zu erholen und sich kräftig zu entwickeln, dann ent=hält die Plenterdurchforstung vom finanziellen Standpunkte aus be=

trachtet die von mir empfohlene Maßregel — Einführung mehrerer Betriebsklassen in jedem Revier — in der Form, daß jeder einzelne Bestand unter Zugrundelegung zweier verschiedener Umtriebszeiten bewirthschaftet wird. Die Durchforstung auf den stärksten Stamm im 60—80 jährigen Alter, die einen Eingriff in den Hauptbestand darstellt, entspricht der Betiebsart mit niedriger Umtriebszeit, während der weiter wachsende Restbestand im 120 jährigen und höheren Umtriebe bewirthschaftet wird. Was nach meinem Vorschlage örtlich getrennt werden soll, das folgt hier auf derselben Fläche zeitlich aufeinander.

Aehnlich verhält es sich mit allen den Maßnahmen, die einen vorzeitigen Eingriff in den Hauptbestand enthalten.

Es kann kaum zweifelhaft sein, daß mit der Zeit aller Widerstand gegen die Einführung der Bodenreinertragswirthschaft gebrochen werden wird. Mit dem fortschreitenden Intensiverwerden aller Produktionszweige wird auch in der Forstwirthschaft das richtige Abwägen zwischen Ertrag und Kosten sich auf die Dauer nicht unterdrücken lassen.

Verlag von Julius Springer in Berlin N.

# Wachsthum und Ertrag normaler Kiefernbestände
## in der norddeutschen Tiefebene.

Nach den Aufnahmen der Preussischen Hauptstation des forstlichen Versuchswesens
bearbeitet von
**Dr. Adam Schwappach,**
Professor an der Forstakademie Eberswalde und Dirigent der forstlichen Abtheilung
der Hauptstation des forstlichen Versuchswesens.
**Mit drei Tafeln. — Preis M. 2,—.**

## Neuere Untersuchungen
# über Wachsthum und Ertrag normaler Kiefernbestände
## in der norddeutschen Tiefebene.

Nach den Aufnahmen der Preussischen Hauptstation des forstlichen Versuchswesens
bearbeitet von
**Dr. Adam Schwappach,**
Professor an der Forstakademie Eberswalde und Dirigent der forstlichen Abtheilung
der Hauptstation des forstlichen Versuchswesens.
**Preis M. 2,—.**

# Wachsthum und Ertrag normaler Fichtenbestände.

Nach den Aufnahmen des Vereins deutscher forstlicher Versuchsanstalten
bearbeitet von
**Dr. Adam Schwappach,**
Professor an der Forstakademie Eberswalde und Dirigent der forstlichen Abtheilung
der Hauptstation des fo stlichen Versuchswesens.
**Mit vier Tafeln. — Preis M. 2,60.**

# Wachsthum und Ertrag normaler Rothbuchenbestände.
## Nach den Aufnahmen
## der Preussischen Hauptstation des forstlichen Versuchswesens

bearbeitet von
**Dr. Adam Schwappach,**
Professor an der Forstakademie Eberswalde und Dirigent der forstlichen Abtheilung
der Hauptstation des forstlichen Versuchswesens.
**Preis M. 3,—.**

# Handbuch der Forstverwaltungskunde
von
**Dr. Adam Schwappach,**
Königl. Preuß. Forstmeister und Professor an der Forstakademie Eberswalde.
**Preis M. 5,—; in Leinwand geb. M. 6,—.**

# Grundriß der Forst- und Jagdgeschichte Deutschlands.
Von
**Dr. Adam Schwappach,**
Königl. Preuß. Forstmeister und Professor an der Forstakademie Eberswalde.
**Zweite, vollständig neubearbeitete Auflage. Preis M. 3,—.**

**Zu beziehen durch jede Buchhandlung.**